我们爱科学
精品书系
唐猴沙猪学数学丛书

寒木钓萌／著

智斗 ZHIDOU
外星人
WAIXINGREN

中国少年儿童新闻出版总社
中国少年儿童出版社
北 京

图书在版编目（CIP）数据

智斗外星人 / 寒木钓萌著 . -- 北京：中国少年儿童出版社，2020.9

（我们爱科学精品书系 . 唐猴沙猪学数学丛书）

ISBN 978-7-5148-6382-6

Ⅰ . ①智… Ⅱ . ①寒… Ⅲ . ①数学 – 少儿读物 Ⅳ . ① O1-49

中国版本图书馆 CIP 数据核字（2020）第 174241 号

ZHIDOU WAIXINGREN

（我们爱科学精品书系·唐猴沙猪学数学丛书）

出版发行：中国少年儿童新闻出版总社
中国少年儿童出版社

出 版 人：孙柱
执行出版人：赵恒峰

策划、主编：王荣伟	著：寒木钓萌
责 任 编 辑：吴科锐	插 图：孙轶彬
美 术 编 辑：王红艳	责任校对：李雪菲
责 任 印 务：刘澂	

社 址：北京市朝阳区建国门外大街丙 12 号　　　　邮政编码：100022
编辑部：010-57526126　　　　　　　　　　　　总编室：010-57526070
发行部：010-57526608　　　　　　　　　　　　官方网址：www.ccppg.cn

印刷：北京盛通印刷股份有限公司

开本：720mm×1000mm　　1/16　　　　　　　　印张：9
版次：2020 年 9 月第 1 版　　　　　　　　印次：2020 年 9 月北京第 1 次印刷
字数：200 千字

ISBN 978-7-5148-6382-6　　　　　　　　　　　　定价：30.00 元

图书出版质量投诉电话 010-57526069，电子邮箱：cbzlts@ccppg.com.cn

作者的话

我一直很喜欢《西游记》里面的唐猴沙猪，多年前，当我把这四个人物融入到"微观世界历险记"等科普图书中时，发现孩子们非常喜欢。后来，这套书还获了奖，被科技部评为2016年全国优秀科普作品。

既然小读者们都熟悉，并且喜爱唐猴沙猪这四个人物，那我们为什么不把他们融入到数学科普故事中呢？

这就是本套丛书"唐猴沙猪学数学"的由来。写这套丛书的时候我有不少感悟。其中一个是，数学的重要不光体现在平时的考试上，实际上它能影响人的一生。另一个感悟是，原来数学是这么的有趣。

然而，要想体会到这种有趣是需要很高的门槛的。这直接导致很多小学生看不懂一些趣味横生、同时又非常实用的数学原理。于是，趣味没了，只剩下了难和枯燥。

解决这个问题就是我写"唐猴沙猪学数学"丛书的初衷。通过唐猴沙猪这四个小读者们喜闻乐见的人物，先编出有趣的故事，再把他们遇到的数学问题掰开揉碎了说。一开始，我也不知道这种模式是否可行，直到我在几年前撰写出"数学西游记"丛书，收到了大量的读者反馈后，这才有了信心。

后来，有个小读者通过寒木钓萌微信公众号联系到我。他说手上的书都快被翻烂了，因为要看几遍才过瘾。他还说，他们班上有不少同学之前是不喜欢数学的，而看了"数学西游记"丛书后就爱上了数学。

因为读者，我增添了一份撰写"唐猴沙猪学数学"的动力。

非常高兴，在《我们爱科学》主编和各位编辑的共同努力和帮助下，这套丛书终于出版了。

衷心希望，"唐猴沙猪学数学"能让孩子们爱上数学，学好数学！

你们的大朋友：寒木钓萌

2020年9月

目录 CONTENTS

智 斗 外 星 人

Z H I D O U
W A I X I N G R E N

城中遭遇

夕阳西下，阳光在我们每个人的身上洒上了一层金色光辉。大家休息了一会儿，继续上路。

我们一路前行，走着走着就没有路了。一座山挡在了我们面前。山上有一条小路，但是我们不知道这条小路通向何方，也不知道山上的状况如何。

左思右想，大家总不能在山脚下过夜，所以我们还是硬着头皮上山了。那条小路其实是人踩出来的，弯弯曲曲。我们沿着小路行走，大约花了一小时才翻过这座山。此时，天已经完全黑了。

大家又渴又饿，然而前方依然没有村落，只有一片树林。没办法，我们只好摸黑走进树林。树林里不时传来各种鸟的怪叫声，很吓人。小唐同学既不敢走在最前，也不敢走在最后，他走在悟空和八戒的中间，一手向前拉着悟空，一手向后拉着八戒。

这片树林不大，大约 40 分钟后，我们就穿了过去。前方的景象让我们惊喜万分，因为我们看到了一大片灯光！

"这应该是一个镇子。"悟空说。

小唐同学说："我看像个小城，你看那边，灯火通明的！"

"赶紧走！"八戒催促道，"我肚子饿坏了！"

小跑着，我们来到了到处是灯光的大街上，开始在大街上找可以吃饭的地方。

"看，那里有个超市！"八戒手指着一个店铺，"我们赶紧去买点儿东西吧。"

二话不说，我们就向超市走过去，沙沙同学挑着担子，走在最后面。

"站住！"一个中年男子在超市门口堵住了我们，这个男子有着一头棕黄的头发和高高的鼻梁，身材很高大。

"你是谁？"悟空问，"别挡道！"

"我是这家超市的老板。"男子说，"我有权不让你们进去。"

"凭什么呀？"八戒气得跳起来。

"你们是外地人吧？"男子没有回答，反而冷冷地问我们。

"是又怎样？"八戒说。

"难怪。"男子说，"老实说，大老远我就看见你们了，挑着一副担子，像没头的苍蝇似的，东窜西窜，一看就不是好人。"

"你什么意思？"八戒说着就要冲上去，可是此时，5个男人从旁边的商铺里走了出来，一看就是超市老板的帮手，八戒只好缩了回来。

"你们是干什么的？为什么来纳多城？"那男子又问，"不是我不相信你们，而是……"

男子一边说，一边上下打量起我们来。也难怪他会误会我们，我们每个人的鞋上都有好多泥土，衣服也很脏，脸上全是汗，八戒的脸还被脏手抹成了大花脸。

"我让你们洗个澡，你们偏不。"小唐同学抱怨道，"现在好了，被人当成土匪了。"

"师父，现在说这些还有什么用？"八戒转身对那个男子说，"大兄弟，我们……我们一路西行，不为别的，只是为了学习数学。"

"数学？"男子一脸怀疑的表情，"你们如此狼狈，只是为了学习数学？哈哈哈……"

"骗你干什么？"沙沙同学大声说。

"好，我相信你们。"男子说，"我之所以相信你们，

是因为这对我有用。"

我们一时不明白这个男子的话到底是什么意思。正当我们满脑子疑问的时候，那个男子朝超市内喊了一声："巴耶夫，你出来一下！"

不一会儿，一个十几岁的俊俏少年走了出来。

"儿子，你看，我说的没错吧，读完初一，你就回来跟我开超市绝对没错。"男子指了指我们，"你瞧瞧他们，这么大了还在学习数学，有什么用？还把自己折腾得这么惨。"

巴耶夫默默地看着我们，一句话不说。

"这位先生，你不让我们进超市，这没什么，超市是你家开的，你有这个权利。"我从箱子上站起来说，"但是，你这样教育你儿子，那就不对了，你会害了他的。"

"不用你管！"男子说，"你们为了学习数学已经把自己搞得这么惨了，还有什么资格教育我？"

旁边的那5个帮手中，有一个年纪稍大，他对男子说："听这5个人说话，尤其是戴着眼镜的这位，"他指了指我，"感觉不像之前抢劫你家超市的那些坏人，所以，你就让他们进超市买些东西吧。我们走了。"

说完，5个帮手就回去了。

"好吧。"男子见左邻右舍的5个人都走了，对我们说，"你们可以进超市，但是挑担子的那位，他和担子不能进去。"

"为什么呀？"沙沙同学急了。

"不好意思。"男子说，"我一看见你那副担子，就禁不住会想，你是准备用两个大箱子来我家超市抢劫的。不瞒你说，上次抢劫我家超市的那些人，也挑着一副那样的担子。"

"好好好。"小唐同学说，"沙沙同学，你在门口候着，

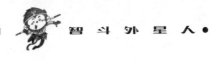
我们给你买。你想买什么？"

沙沙同学一听，一脸委屈："还能买什么，面包，还有水！"

我们 4 个人走进超市一看，这是一家生活用品超市，里面东西应有尽有，啤酒、面包、牙膏、牙刷、婴儿的尿不湿等都有。

挑选了我们想要的食物和水后，我们来到付款台。此时，那个男子——就是超市的老板，他的脸色不再像之前那么难看了，因为他已经确定，我们不是土匪。巴耶夫坐在柜台里面，一脸失落。也许是因为他爸爸不让他继续读书吧，我心里这样想。

"先生，你说数学没用，但是你知道吗？"我对老板说，"数学可以让你家啤酒的销量翻倍，你信不信？"

"什么意思？"老板不知道我在说什么。

"假设你家超市的啤酒销量在一周内是 100 罐的话，那么，如果用数学知识指导一下，你家每周的啤酒销量会上升到 200 罐。"

"不可能！"老板说，"这简直就是天方夜谭！"

"那咱们就赌一赌。"我说，"如果我输了，赔你1000 元；如果你输了，赔我们 100 元。你敢赌吗？"

　　老板一听，眼睛睁得大大的，一时间不知道该说什么。

　　"爸爸，跟他赌！"巴耶夫说，"无论你是输还是赢，咱家都是赚的。"

　　"儿子，此话怎讲？"老板问。

　　"这很简单。"巴耶夫说，"如果他说的是错的……"

　　"请叫他寒老师，谢谢。"悟空对巴耶夫说。

　　"好。"巴耶夫又说，"如果寒老师说的是错的，我们将得到1000元；如果寒老师说的是正确的，我们只损失100元，但是，我们超市以后的啤酒销量将翻倍，多赚的那些钱肯定会超过100元，而且是远远地超过。"

"还是你儿子聪明。"我说。

"谢谢寒老师的夸奖！嘿嘿。"巴耶夫第一次露出了笑容。

"好！我跟你们打赌。"老板说，"我家超市上周啤酒的销量是……"

"等等。"八戒说，"这个销量不能仅凭你口说，万一你说的比实际多，那我们的胜算不就小了？"

"那怎么办？"老板说。

"你们看。"巴耶夫向上一指，"我家超市有摄像头，你们可以回放录像，然后数数前一周每天卖出去多少罐啤酒。"

"好主意！"悟空说。

"好什么呀！"小唐同学不同意，"为了跟这个先生打赌，我们得在这里待一周时间，观察啤酒卖出去多少。可是这一周，我们没地方住，要是住旅馆的话，那得花多少钱啊！所以，这事咱们不能干！"

"不用花钱！"巴耶夫说，"我家有间空房子，正好没人住，你们可以免费住，一日三餐我们也包了。一周后见分晓，如何？"

"儿子，这是亏本买卖，不能做。"老板急忙阻止。

"爸爸，你想呀，如果他们输了，咱们将得到1000元，这足够他们的房费和饭钱了；如果他们赢了，以后咱家的啤酒销量跟过去相比能翻倍，这不是很划算吗？"

"成交！"老板终于下定了决心，"现在，就请你们说说，你们用什么数学方法能让啤酒销量翻倍吧。"

"用什么数学方法，我们暂时不告诉你。"我说，"但是，现在需要把啤酒在超市中的摆放位置挪一下。"

"行。"老板说。

于是，我带着唐猴沙猪走到超市里面，把5大箱啤酒重新挪了一下位置。

"这样就行啦？"老板一脸的不相信。

"那当然，这就是数学的魔力！我们要休息去了。一周后，咱们再看结果。"

"好！巴耶夫，你带他们休息去。"老板吩咐道。

巴耶夫高高兴兴地带着我们走出超市，向旁边的一栋二层小楼走去。

路上，巴耶夫禁不住问："寒老师，我就搞不懂了，你们只是把啤酒摆放的位置挪了一下，并没有把啤酒放到超市里最显眼的位置，这样能行吗？"

"放心吧，肯定行的。"我说。

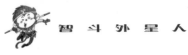

"为什么呀？"巴耶夫又问。

"一周后再告诉你。"我说。

我们住在二层小楼的楼上，房间很简陋，里面只有几张床、一个小圆桌和一把小椅子，但这对我们来说已经足够了。一路奔走加爬山太累了，我们纷纷躺到了床上。

"寒老师，现在你可以说了吧？巴耶夫走了。"八戒躺在床上，跷起二郎腿。

"说什么？"

"还能说什么？"小唐同学说，"就是，你到底使用的是什么数学方法呀！"

"其实……没什么数学方法。"我说。

"什么？"小唐同学猛地跳下床，"那你输了怎么办？那可是1000元呢！你肯定没有这么多钱，我告诉你，到时候你可别找我借。"

小唐同学气嘟嘟地说完，又躺回床上。

"我不会找你们借的。你们知道我怎么打算的吗？"我说，"你们真傻，一周有7天，到第六天的时候，我们就——开溜！"

"啊！"4个人异口同声，纷纷从床上蹦起来。

"哈哈，快睡吧。"我笑了，"我骗你们的。"

奇怪的理发店

第二天早上9点，我们被一阵敲门声吵醒。

开门一看，原来是巴耶夫，他是来叫我们吃早餐的。

"你没去上学吗？"悟空揉着睡眼问。

"现在是暑假。"巴耶夫说，"即使不是暑假，我也不会再去上学了，我爸爸想让我留在店里，给他帮忙。"

"巴耶夫，你非常聪明。"我说，"而且看得出你爱学习，很想上学，我们会努力说服你爸爸的。"

"那就太谢谢你们了！"巴耶夫说。

吃完早餐，已经快10点了。外面阳光明媚，空气中有一股异样的味道，除了青草味之外，还有一种说不出

来的味道，但很好闻。

"去哪儿玩？"八戒看着我们，一脸期待。

"你就知道玩！咱们得去理个发。"小唐同学说，"也难怪巴耶夫的父亲把我们当成土匪了。八戒，看看你那鸟窝头……"

小唐同学说的对，我们确实该理理发了。

于是，我们徜徉在大街上，晒着太阳，闻着这个小城异样的味道，欣赏着小店里各种稀奇古怪的东西，心情非常愉悦。

半小时后，我们来到一个理发店集中的地方。这里有5家理发店，每家理发店门前都竖着一个牌子，上面写着标语，看来5家理发店竞争十分激烈。

第一家理发店的牌子上写着："纳多城第一理发店，到了这里，你才发现自己！"

第二家理发店的牌子上写着："留下你的头发，请把面子带走！"

第三家理发店的牌子上写着："本店只有3种发型不会理，那就是让你老气、俗气、生气的发型。"

第四家理发店的牌子上写着："你的魅力来自我的创意！"

第五家理发店，也就是最靠边的理发店，也许是担心竞争不过前4家理发店，所以他家的标语最长："你给自己刮胡子吗？如果不，请允许本理发店帮你刮胡子！本店为城里所有不为自己刮胡子的人刮胡子，而且只为那些不为自己刮胡子的人刮胡子。"

"哈哈哈！"八戒看着眼前这5家理发店，不禁笑道，"你们瞧，这几家理发店不把心思用在提高技术上，而是用在写标语上，真是的。"

"你还别说。"沙沙同学一脸欣赏的表情，"他们的标语写得挺好的，有的挺有诗意。"

"除了最后一个。"悟空说，"那么长的标语，啰里啰唆，只想着标新立异。"

"竞争激烈，这也是没办法的事。"我说。

"好吧。"八戒问，"咱们去哪家？"

"第四家。"小唐同学说，"我喜欢他们的标语，'你的魅力来自我的创意'，多好的广告词，很吸引人。"

"也许，广告词越好，技术越烂。"八戒说。

"嗯，这倒也是。"沙沙同学说，"5家理发店，只有第五家没有自夸。"

"那就去第五家吧，一会儿会有好玩的事发生。"

说着，我就往第五家理发店家走去。

"什么好玩的事？"八戒在后面追着问。

"一会儿你就知道了。"我边走边说。

这家理发店的理发师是一个 30 多岁的人，见我们进来，立即起身迎接我们："5 位客人，请坐请坐，请问你们谁先理？"

"多少钱一位？"还是小唐同学心细，先问最关键的问题。

"25 元一位。"理发师说。

"要命呀！"一听此话，屁股刚挨到椅子的八戒噌地站了起来，"25元，那么贵，我还不如拿这钱去买面包呢！"

理发师一听，摇了摇头，一脸无奈。

"你可别摇头。"我说，"该摇头的是我们。"

"为什么呀？"理发师问，"我的价格跟其他4家理发店的价格是一样的，不信你们去打听打听。"

"不用去打听了。"我说，"我问你一个问题，如果你能回答出来，我们5人就在你这儿理发，按照你说的价格；如果你回答不出来，给我们每人便宜10元，15元一位，如何？"

"哈哈……"理发师笑道，"你要是问我一个非常非常难的数学题，我岂不是就上当了？"

"不是，这个问题非常简单。"我说，"请问，你的胡子是谁刮的？"

"就这个问题？"理发师一脸不相信。

"对，就是这个问题。"我说，"你回答吧。"

"好！"理发师笑笑，"我的胡子当然是我自己刮的。我的手艺这么好，难道还去找其他家的理发师帮我刮胡子？"

"回答错误！因为你的标语是这样写的：'本店为城里所有不为自己刮胡子的人刮胡子，而且只为那些不为自己刮胡子的人刮胡子。'"我说。

"怎么不对啦？"理发师争辩道，"你们不给自己理发、刮胡子，所以，我才给你们理发、刮胡子。"

"当然不对了！"悟空说，"因为你在门口的标语中说，你只为那些不为自己刮胡子的人刮胡子，可是，你却自己给自己刮胡子，这不是矛盾了吗？"

"对呀！"八戒也意识到了，"如果你给自己刮胡子，你就违背了自己的诺言。"

"这……"理发师一时语塞，"这……你们说什么呀，弄得我好乱。"

"还有更乱的呢。"我说,"现在咱们假设,你的胡子不是自己刮的,按照你的豪言壮语'本店为所有不为自己刮胡子的人刮胡子',那么你就得给自己刮胡子。"

"啊——"理发师又混乱了。

"所以,你给自己刮胡子不对,不给自己刮胡子也不对。"我说。

"等等,让我想想,你们几个别诈我。"理发师仔细思考起来。

过了几分钟,他终于认输了:"唉……你们说的是对的。那就按照你们说的来吧,15元一位。"

于是,我们开始理发。小唐同学第一个跳上座椅:"我先来。"

在理发师给小唐同学理发、刮胡子的时候,我问理发师:"你门口的标语是怎么来的?是自己想出来的吗?"

"怎么可能呀。"理发师说,"就我这水平,哪能想出这样的标语,我只会理发。唉……你们也看到了。"

"看到什么?"沙沙同学问。

"其他4家理发店,每家的标语都写得那么好,我着急上火呀!那4家理发师的语文水平,别人不知道,我还不知道?他们的标语肯定是从书上抄来的。于是呢,

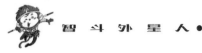

我就到处翻书，找呀找呀，终于在一本书中找到了这句话，我觉得很大气，就借用了。没想到……"

"说实话，要论名气的话，"我说，"你家的标语名气最大。可以这么说，全世界名气最大的理发店标语恐怕就是你家的了。"

"不会吧？"理发师歪过头，惊讶地看着我，"全世界最大？"

猴沙猪也都一脸的不解，纷纷望着我。

"因为你家的标语，它来自一个非常著名的悖论。"

"悖论？"理发师问。

"是的。"我说，"这个悖论叫作'理发师悖论'。你看到的那本书，肯定是在介绍这个悖论。而你不看上下文，就拿出这句话来用了，所以……"

"看上下文？我得能看得懂呀！"理发师又转过头说。

"专心理发别说话！"小唐同学生气了，"待会儿把我的发型理丑了我让你赔钱。"

理发师一听，慌了，赶紧赔罪："这位客人，真不好意思，我这就专心给你理发。"

八戒捂嘴偷笑："理发师，你别害怕，就我师父那发型，即使你闭着眼睛也能理好。"

　　十几分钟后，小唐同学的头发理好了，脸也刮干净了。轮到八戒了。

　　小唐同学摸了一下自己的头，又在镜子前左照照，右照照，一脸笑容，看来，他非常满意。

　　"寒老师，给我们说说那个理发师悖论吧。"小唐同学一边照镜子一边说。

　　"那个悖论名气可大了，它曾经引起了第三次数学危机。"我说。

　　"什么？"八戒一听，惊讶得立马转过身来。

　　这下，理发师有意见了。"这位客人，"理发师警告道，"如果你再这样突然转动身子，待会儿，我若是不小心

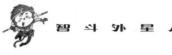
剪到你的耳朵，你可别怪我。"

"哦，好。"八戒这才转过身去。

"理发师，"小唐同学说，"即使你不小心在他的耳朵上剪了一刀，那又怎样呢？我想除了他本人也不会有人怪你的，因为他的耳朵实在是……太大了。"

"师父，你尽扯些没用的。"沙沙同学埋怨了一句，"寒老师，你快说说，第三次数学危机又是怎么回事？"

"第三次数学危机说起来比较复杂，等你们以后掌握更多数学知识后，自然就能明白，现在说的话，你们恐怕听不懂。"

"复杂吗？"悟空说，"第一次数学危机我还记得呢，那是发现无理数的希帕索斯引起的。聪明的希帕索斯向世人证明了，腰长为1的等腰直角三角形，它的斜边长度无法用有理数表示，因此发现了无理数，引发了数学危机。"

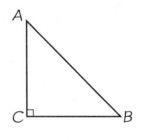

"悟空，你的记性可真好。"我说，"不过，第二次数学危机以及第三次数学危机确实都比较复杂，咱们还是以后再说吧。"

「知识板块」

悖　　论

悖论就是一段话或者一段推理中隐含着两个互相矛盾的结论，而这两个结论又能自圆其说。

当然，这只是悖论的大体定义而已。实际上，悖论有多种不同的形式，有的悖论看起来是错的，但实际上却可能是对的。例如，有人说"站着比走路更累"，不少同学一听，就会觉得这句话是错的，显然嘛，一动不动地站着，不怎么浪费体力，而快速走路却需要消耗较多的体力。但实际上，一动不动站两小时和连续走路两小时比起来，人们会觉得站着更累。

还有，"到底是先有鸡还是先有鸡蛋"

这句话也是一个悖论。显然，没有鸡就没有鸡蛋，而没有鸡蛋呢，又不可能有鸡，因为鸡是鸡蛋孵出来的。可别小看"到底是先有鸡还是先有鸡蛋"这个悖论，这个悖论曾引发了古代哲学家去探索并讨论生命和宇宙的起源问题呢。

所以，悖论很有趣，也很有用，一些悖论甚至曾经极大地推动了数学的发展。比如上面故事中说到的"理发师悖论"。

理发师悖论

理发师悖论是英国数学家和逻辑学家伯特兰·罗素在1901年提出来的，所以，这个悖论最开始叫作罗素悖论。

最初，罗素提出的这个悖论是用复杂的数学语言来讲述的，别说同学们，就是很多成年人也看不懂。所以，为了让更多人理解罗素悖论，人们就用一种更通俗的语言和形式来描述罗素悖论，于是，罗素悖论摇身变成了理发师悖论。

理发师悖论是这样的：

理发师说：他要为城里所有不为自己

刮胡子的人刮胡子，而且只为那些不为自己刮胡子的人刮胡子。

现在问：理发师应该为自己刮胡子吗？

此时，理发师处于两难的境地，因为：如果理发师不给自己刮胡子，那他需要遵守规则，为自己刮胡子；如果理发师给自己刮胡子，那他又要遵守规则，不自己给自己刮胡子。

理发师悖论的出现直接导致了第三次数学危机。一般来讲，危机是由一种激化的、非解决不可的矛盾产生的。数学中有许多大大小小的矛盾，比如有理数与无理数、有限与无穷等。可以说，数学的发展史中贯穿着矛盾。当某种矛盾激化到涉及数学的某些基础时，就会产生数学危机。由于理发师悖论引起的数学危机涉及的内容太深，在此就不向同学们介绍了，有兴趣的同学可以自己找资料看看。

为了解决这次数学危机，很多数学家都参与进去了，最终，他们让数学变得更加完美。

进入悖论国

走出理发店，我们5个人在大街上慢慢往回溜达，一路闲聊，等走到那家超市时，已经是午饭时间了。

"老板，今天上午的啤酒销量如何？"八戒一见面就迫不及待地问。

"哈哈……"老板笑着说，"跟昨天相比……"

"先别说。"我制止了老板，"老板，一周后，我们再来对比。"

吃完午饭，我们回到了房间，大家有些困了，于是就睡了个午觉。醒来后，已经是下午3点了，大家神清气爽，精神十足。

"咱们去哪儿玩呀？"八戒走到窗边，看着外面的天，此时，天高云淡。

"上午的时候，咱们在理发店里聊到的那个理发师悖论挺有趣的。"沙沙同学说，"要是有这么一个悖论王国，我们去耍耍，那肯定很有趣。"

"有趣？"我说，"那可不见得！只怕到了悖论国，你们会后悔的。"

"真的？"悟空两眼发亮，他就喜欢挑战。

"是的，悖论国里的一切都跟我们这个世界不一样，那里的动物会说话，而且很狡诈，有的还很危险呢。去了以后，你们可别后悔哦。"我说。

"寒老师，你越是这么说，我们就越想去，是吧？"悟空看向唐沙猪。

"是的，有什么可后悔的！"八戒一副满不在乎的样子。

"走吧。咱们怎么去？"悟空问我。

"这得靠你带路呀！"我走到悟空身边，把嘴贴到他耳边小声地说了几句悄悄话。

"哈哈哈……"悟空说，"我知道怎么去悖论国了，咱们出发！"

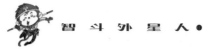
悟空话音一落，我们就来到了另一个世界。

天阴沉沉的，就像一条无边的灰色毯子盖在我们的头顶。一些长相怪异的大鸟在天空盘旋，远远看去，它们长得像秃鹫。

前方是一些连绵起伏的小山坡，更远处则是高耸入云的大山。我们的左边是一大块沼泽，而右边则是一片小平原，有的地方的草很短，有的地方的草却很高，都超过我们的身高了。

"这就是悖论国呀？"小唐同学转着身子望了一圈，"除了景色稍微怪异一点儿，没看出这个世界跟咱们的世界有啥区别嘛。"

"好像是这样的。"悟空说，"不管这些了，咱们先往前走走，再看一看。"

说完，悟空在前面带路，我们跟在他后面朝前方走去。

走着走着，突然，一条好几米长的大鳄鱼从沼泽里闪电般地蹿了出来，向小唐同学冲去。

"啊——"小唐同学一看，吓得急忙后退，但被一块石头绊了一下，一屁股摔在了地上。他眼睁睁地看着鳄鱼张着大嘴向他冲来。

"救命！"小唐同学用尽全力大喊一声。然而此时，鳄鱼已经咬住了小唐同学的一条腿。

　　悟空、八戒还有沙沙同学见状，立即拿起家伙，冲过去就要打鳄鱼。可是此时，让人惊讶的一幕发生了。

　　"后退！"鳄鱼说，"你们再上前一步，我就把他的腿咬断！"

　　"啊？这条鳄鱼会说话！"八戒一边收起他的九齿钉耙，一边说，"会说话就好，我们可以跟它谈条件。"

　　"放开我师父！"沙沙同学对鳄鱼说。

　　"放开可以。"鳄鱼闷声说，"不过，有一个条件。"

"你就是一条鳄鱼而已，有什么资格跟我们谈条件？"沙沙同学气不过，高高扬起月牙铲……

鳄鱼啥话不说，立即收紧了大嘴。小唐同学疼得呼天抢地："啊！我的腿！别动！徒儿，你别轻举妄动！"

沙沙同学一听，赶快放下月牙铲，关心地问："师父，你没事吧？"

"有事没事你看不见吗？"大颗大颗的汗珠从小唐同学的额头上流下来。

"师父，你别怕！"沙沙同学拍着胸脯，"最坏的情况无非就是，这条鳄鱼咬掉你的一条腿，之后我们几个把它打死。"

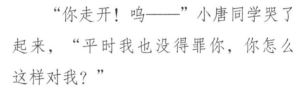

"你走开！呜——"小唐同学哭了起来，"平时我也没得罪你，你怎么这样对我？"

"那你想让我们怎么办？"沙沙同学也急了，"从鳄鱼的嘴里把你夺回来？怎么可能！"

"可能的。"鳄鱼说，"只要你们回答我一个问题，如果你们答对了，我就会松开嘴，把他完整地还给你们。

对了，我的口中人是谁？吃掉猎物前，我喜欢打听一下猎物的名字。"

"鳄鱼先生，他是小唐同学。"我说。

"哦，小唐同学你好。"鳄鱼一脸阴笑，"谢谢你，待会儿我要用你填饱肚子啦。"

"等等。"悟空说，"鳄鱼先生，你说我们回答正确的话，你就会放了他，那如果答错了呢？"

"那还不简单。"鳄鱼说，"显然，我会吃了他。"

"呜——"小唐同学哭着说，"怎么办呀？怎么办？"

"还能怎么办？"我说，"在悖论国，得按照它们的规矩来。"

"好吧。"悟空对鳄鱼说，"你问吧。"

鳄鱼说："我的问题是，我会吃掉小唐同学吗？"

"就这个问题？"八戒跳过来，"我来我来，我来回答……"

"一边待着去！"小唐同学一把推开八戒，同时用手掌不断地拍地，"这可是关乎我性命的大事呀！八戒，你怎么那么……那么不认真！"

"哼！懒得管你了。"八戒被小唐同学推了一下，也生气了，"这个问题就两个答案，会或者不会。你想

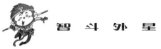

那么复杂干吗？"

"你就是成心害我。"小唐同学说完，转向我，"寒老师，你来回答，我比较信任你。"

"好。"我说，"不过，我先说好，要是我回答错了，鳄鱼咬断了你的腿，你可别怪我。"

"寒老师你放一百个心吧。"八戒说，"如果你回答错了，我师父就会被吃掉，他都已经被吃掉了，还怎么埋怨你呀！"

"你们……"小唐同学说，"你们别再吓我了，我真的都快被吓死了。快仔细想想，可别答错了！"

"好吧。"我盯着鳄鱼说，"我现在开始回答问题了，我的答案是，你一定会吃掉小唐同学！"

"啥？"小唐同学一把抓住我的肩膀，"这就是你的答案？你这不是故意害我吗？寒老师你一直很讨厌我，我是知道的……"

"闭嘴！我在对付鳄鱼，你别打岔！"说完，我又转向鳄鱼，"好了，现在轮到你了，鳄鱼先生。"

"哈哈哈……"鳄鱼大笑，"没想到，居然被你猜对了。没错，我当然会吃掉小唐同学，你不知道我的肚子现在有多饿，哈哈哈……"

小唐同学一听，顿时绝望地大哭起来。

"慢着！"我说，"鳄鱼先生，我知道你肚子很饿，但是你千万别着急。你刚才不是说过了吗？如果我们答对了，你就不伤害他，并把他完整地还给我们。现在，既然我答对了，你就不能吃掉小唐同学，你应该松开嘴，把他还给我们。"

鳄鱼一听，呆住了，自言自语道："对呀，如果我吃了小唐同学，他就答对了。不行，看来小唐同学不能吃。"

"是的是的！就是这样！"小唐同学急忙说。

鳄鱼没有搭理小唐同学，又在自言自语："我应该怎么办呢？如果我把小唐同学放了，那么，眼前这人就答错了，他既然答错了，我就应该吃掉小唐同学。嗯嗯，就是这样，哈哈……我应该吃掉小唐同学。"

"且慢！"我说，"你必须把小唐同学放了。因为，如果你吃了他，我就答对了，你就得把他还给我们。"

鳄鱼一听，立即陷入苦恼之中，它一会儿松开嘴，一会儿又闭上嘴，吃也不是，不吃也不是。

而小唐同学呢，被折腾得死去活来，苦苦哀求："鳄鱼先生，难道你要这样苦恼一辈子吗？显然，你不能吃我，即使你很想吃。所以，你还是尽快把我放了吧，这

样，你还有时间去寻找下一个猎物。"

"求它干什么？"我回头对小唐同学说，"无论怎样，鳄鱼先生都该放了你。它没有选择，因为它不可能一直困在这里。"

"唉……"鳄鱼叹了一口气，彻底松开了它的大嘴，放了小唐同学，"要是你的答案是'不会吃掉他'，那该多好！那样，我今天就可以饱餐一顿了。"

"想得美。"我说，"进入悖论国，我们可是有备而来的。"

而鳄鱼看了看悟空和八戒高高扬起的兵器，担心被打，闪电一般逃回到沼泽里去了。

「知识板块」

鳄 鱼 悖 论

上面故事来自一个很有名的悖论——鳄鱼悖论。只不过，把原悖论中的小孩换成了小唐同学。

鳄鱼悖论是这样的：

话说有一天，一条鳄鱼从一位母亲的手中抢走了她的孩子。

母亲苦苦哀求鳄鱼："我只有这么一个孩子，求求你千万不要伤害他，你提出什么条件我都答应你。"

鳄鱼听了非常得意，就对这位母亲说："那好，我向你提一个问题，让你猜，如果你猜对了，我就不伤害你的孩子，并把孩子还给你；如果你猜错了，我就要吃掉你的孩子。我的问题是，你猜我会不会吃掉你的孩子？"

这位母亲说："鳄鱼先生，我想你是要吃掉我的孩子的。"

鳄鱼一听，顿时傻眼了。因为这时的鳄鱼陷入了一个悖论当中，无论鳄鱼怎样

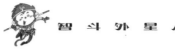

做，它注定都无法兑现自己的诺言。

鳄鱼的诺言有两种可能：

A.如果母亲猜对了，鳄鱼就得释放小孩；

B.如果母亲猜错了，鳄鱼就要吃掉小孩。

鳄鱼有两个选择，第一个选择就是把小孩吃掉。但这个选择导致的结果是，那位母亲的猜测是正确的。按照鳄鱼的诺言A，此时鳄鱼应该把小孩归还给他妈妈，可是鳄鱼却把小孩吃掉了，所以鳄鱼违背了自己的诺言。

鳄鱼的第二种选择是把小孩放掉。但这种选择的结果是，那位母亲的猜测是错误的。按照鳄鱼的诺言B，此时鳄鱼应该把小孩吃掉，可是鳄鱼却把小孩释放了，所以鳄鱼还是违背了自己的诺言。鳄鱼悖论，让鳄鱼陷入两难的境地。

"八戒，过来背我！"小唐同学喊道。

八戒赶紧把背上的衣服往头上一拉，一下子盖住了头，装作没听见，继续往前走。

"师父，我先扶你起来吧。"沙沙同学走过去，把小唐同学从地上扶起来。

悟空也走到小唐同学身边，说："师父，我来扶着你走吧。"

小唐同学把手搭在悟空肩上，一步一步慢慢地往前走。

"我们要去哪里？"小唐同学一脸担心，"咱们还是早点儿回去吧，你们说呢？"

"我还没玩够呢！"八戒说，"前面有个土坡，咱们再到那里去看看。"

说完，八戒就一个人跑到前面去了。

突然，一个像蛇头一样的头，从旁边沼泽的芦苇中露了出来。其他人都没看见，只有小唐同学看见了，因为他一直害怕沼泽中再有什么野兽蹿出来，所以一直斜眼瞄着旁边的沼泽。

"妈呀！"小唐同学大叫一声，然后一下子就蹦到了悟空身上，而且骑在了悟空的脖子上，两手掐住悟空的脖子，"快跑！快跑！"

被掐住脖子的悟空说不出话来，只是"喀喀喀"地叫唤，同时不断用手掰小唐同学的双手。但是，悟空越是想掰开小唐同学的手，脖子就被小唐同学掐得越紧。

"怎么啦？怎么啦？"沙沙同学冲上去问。

"你们看，你们看。"小唐同学松开一只手，指着芦苇丛里的那个头，一脸惊恐。

小唐同学松开一只手后，悟空这才得以喘息，他一使劲，把小唐同学的另一只手也掰开了。

"你给我下去！"悟空扭头对身上的小唐同学大喊，"你想掐死我呀？"

"不是不是！"小唐同学急忙解释，"刚才我一害怕，就情不自禁地抓住了你。"

"别废话了，快下来！"悟空说，"骑在我脖子上算什么嘛！"

"不下！"小唐同学坚持道，"我害怕。"

"嗨，师父，你别怕！"沙沙同学大声说，"这只是一只大乌龟而已，你瞧，它爬出来了。"

"乌龟？"小唐同学一看，脸顿时红了，慢慢地从悟空身上滑了下来，"哦，原来是只乌龟呀。"

此时，八戒也走过来凑热闹了，明白是怎么回事后，打趣道："这真是，一朝被鳄咬，十年怕乌龟。"

"你还在这里说笑！"小唐同学冲上去，推了八戒一把，"刚才吓死我了！"

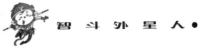

"师父，你身手挺敏捷的嘛，"八戒竖起大拇指，"一下子就蹿到了猴哥的背上，厉害厉害！"

"不是背上，是肩上。"悟空还在生气，"比一只兔子还敏捷。接下来的路，我可不扶你了。"

小唐同学听罢，心里不高兴，但也不好说什么。他走到乌龟面前，指着乌龟说："你这只笨乌龟，大白天的出来吓人干吗？"

"怪我呀！"乌龟开口说话了，"谁不知道，我们乌龟人畜无害，你自己胆小得像小老鼠，还在这儿怪我！"

"就怪你，笨乌龟！"小唐同学不依不饶。

"你才笨！"乌龟又说，"说不定，你还没我聪明呢。"

"哈哈哈……"小唐同学仰头大笑起来，"你们听，我没它聪明？要多可笑有多可笑！"

"我问你，兔子你跑得过吗？"乌龟高高地昂起头。

"我跑不过兔子，难道你就跑得过？"小唐同学嘲笑道。

"那是当然的，兔子跑不过我。"乌龟说，"我可不是在吹牛。"

"哈哈哈……"

"嘎嘎嘎……"

这下，不止小唐同学一个人笑了，悟空、八戒等都大笑起来。空旷的原野上，几人鸭子般的大笑声格外刺耳。

"笑完了？"乌龟生气道，"你们能听我说句话吗？"

"你说你说，哈哈哈……"小唐同学还是控制不住笑。

"看见没，前方那个土坡？就在土坡上的灌木丛里，住着一只大兔子。"乌龟指着前方，"咱们这就去找它，让它跟我赛跑，如何？"

大家一听，一下子停止了笑。

"这好玩！"八戒说，"那就走吧，乌龟先生！我们倒要看看，兔子为什么跑不过你。"

说完，我们就一起朝前方的土坡走去。

"乌龟先生，你快点儿。"小唐同学转身催促落在后面的乌龟，"就你这速度，连我们走路都跟不上，还想跑过兔子？"

乌龟边走边说："这你不用操心，反正我就是能跑过兔子，待会儿你就知道了。"

走了半小时，我们才来到土坡上的那个灌木丛旁边。

"兔子，请出来一下，有人想找你赛跑！"八戒对灌木丛里喊道。

过了几秒钟，一只大灰兔子从灌木丛里蹦了出来，它一看见我们，顿时一脸奇怪。

"刚才喊话的是你吗？"兔子上下打量起八戒来，"呵呵，是你要跟我赛跑？如果是，你直接认输吧，你太胖了，肯定跑不过我。"

"什么？"八戒被激怒了。

八戒想：既然这只兔子连乌龟都跑不过，又怎么能跑过我呢？

于是八戒说："对，就是我，我要跟你赛跑！"

"那就来吧。"兔子指着我们走来的那条路，"看见这条路没有？咱们就在这条路上跑。"

"好！"八戒把九齿钉耙往地上一扔，摆出一副准备起跑的姿势。

"八戒，我看好你哦！"小唐同学在一旁鼓励道，"我喊1，2，3，跑！然后你们就跑。"

"没问题，按照你说的来。"兔子说。

"1——2——3，跑！"

小唐同学的话音一落，八戒就飞也似的跑了出去。然而，兔子跑得更快，它一下子就冲到了八戒前面，并不断扭头嘲笑八戒。

"跑呀，跑呀，你还是跑不过我。"兔子说，"你太胖了，你知道吗？"

八戒气得脸红脖子粗，为了回击兔子，他使出了吃奶的力气往前冲。

"呀，你的脸红了。哎哟哟，你的脖子也红了，哈哈！"兔子始终跑在八戒前面，超过八戒半米左右，它不断地扭头嘲笑八戒，"可惜，你还是跑不过我。"

八戒更疯狂了，他的动作越来越大，我们从没见过他跑得这么快，一次也没有。跑着跑着，突然，不幸的事情发生了。

八戒由于跑得太快，没注意到地上的一块石头，结果被绊了一下，一下子摔倒在地，并在地上往前滑行了五六米……

八戒低着头走回来了，走到了我们面前。待他抬头看我们时，我们一下子惊呆了。只见他满脸是土，左脸还肿了，看上去好可怜啊。

哈哈哈……

乌龟和小唐同学实在是忍不住，放声大笑起来。

"笑什么！"八戒火了，对乌龟大声吼道。他认为，这一切都是乌龟带来的，乌龟让他误以为，这只兔子跑得很慢，但实际上却不是。

"我当然是在笑你呀！"乌龟说，"难道我会笑赢了你的兔子？之前，你不也是笑过我吗？哈哈哈……"

"你说兔子跑不过你，待会儿要是兔子跑赢了你，我跟你没完！"八戒说完，转身向兔子，以不容反驳的口吻说，"乌龟要跟你赛跑，你俩开始吧！"

"不比，不比。"兔子连连摇头。

"为什么？"八戒气得跺了一下脚，顿时地上尘土飞扬，"比也得比，不比也得比！"

"我跑不过它，还比什么呀！"兔子说，"我们又不是没比过。"

乌龟一听，露出得意的笑容。而其他人，则一脸的纳闷儿，这怎么可能呢？除非……

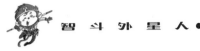

"是不是乌龟跟你赛跑的时候,突然就像变了一个人?"小唐同学对兔子说,"哦,不对,就像突然变了一只乌龟?呀,也不对,是不是说,乌龟跟你赛跑时,它会飞?"

"不会,乌龟还是那只乌龟。"兔子慢悠悠地说。

"那你怎么不敢跟它赛跑?"八戒怒问,"不行,你必须跟它比赛!"

兔子往斜坡上一躺,用两只前爪垫着头,慢悠悠地说:"比赛可以,但我不想再费体力了,因为我已经跟你比过一次了,所以,咱们就在脑海里让我跟乌龟比一比吧。"

"在脑海里怎么赛跑,你疯了!"八戒质问。

"有何不可?"乌龟走到距离我们一段距离的地方说,"假设兔子在我后面1000米,现在兔子和我同时起跑,如果兔子的速度比我快,你是不是认为兔子一定会追上我?"乌龟看向八戒。

"那当然!"八戒说。

"现在咱们再假设,兔子跑步的速度是我的10倍。"乌龟又说。

"不用假设,本来就是这样。呵呵……"小唐同学嘲笑道。

"好啦,发令枪响了。"乌龟说,"我们开始起跑,经过一段时间，就比如说 1000 秒吧，兔子总算跑完了这 1000 米，但是别忘了，我乌龟往前也跑了 100 米呢；再过 100 秒，兔子跑完了这 100 米，但是呢，我又往前跑了 10 米，所以呀，兔子是永远都追不上我的，哈哈！"

"咦，等等，"八戒说，"现在你与兔子相距 10 米，如果兔子继续追你呢？"

这次乌龟都懒得说话了，只是摇摇头。

"没用的。"兔子躺在斜坡上，接过话说，"10 秒后，我是跑完了这 10 米，但是乌龟在这段时间又向前跑了 1 米；当我用 1 秒钟时间追上这 1 米时，乌龟又向前跑了 0.1 米；当我用 0.1 秒跑完这 0.1 米时，乌龟又向前跑了 0.01 米……总之，这是没完没了的，无论我们今天怎么说，哪怕说破嘴皮，我也追不上乌龟。"

"啊？"八戒糊涂了，"这是咋回事？怎么就像个无底洞似的？"

小唐同学皱着眉头，拍了一下自己的脑袋，纳闷儿道："奇怪，兔子说的居然是对的。我怎么感觉，我们就像陷入了无底洞？寒老师，这是怎么回事？"

"哈哈哈……"乌龟大笑起来，"这下你们该相信了吧，兔子甭想追上我！"

「知识板块」

阿基里斯悖论

公元前5世纪，古希腊数学家芝诺为了捍卫他老师的一个观点，提出了一个悖论，叫作阿基里斯悖论。

阿基里斯是希腊传说中跑得最快的人。有一天，他正在散步，而他的前方100米处有一只大乌龟正在慢慢地向前爬。乌龟大声说："阿基里斯！谁说你跑得最快？你连我都追不上！"

阿基里斯说："胡说！我的速度可比你快百倍都不止！即使我的速度只有你的10倍，我也马上就可以超过你！"

乌龟说："就照你说的，我们来试一试吧！当你跑到我现在这个地方时，我已经向前爬了10米；当你再向前跑过10米时，我又爬到前面去了；每次你追到我刚才所在的地方时，我都又向前爬了一段距离。你只能离我越来越近，却永远也追不上我！"

阿基里斯说："哎呀！我明明知道我能追上你，可你说的好像也有道理，这是怎么回事呢？"

这就是阿基里斯悖论。

阿基里斯悖论很有趣。一开始，所有人都会认为乌龟说的是错的，一个跑得很快的人怎么会追不上乌龟呢？可是听完乌龟的话后，又觉得它说的有道理。那么，乌龟说的到底对不对呢？

当然不对。因为在现实生活中，时间的流逝是连续的、不间断的。而乌龟故意忽略了时间的这种特性，把时间分割成无数个越来越小的时间段，在这些越来越小的时间段里，阿基里斯肯定是追不上它的，因为微小的时间段可以有无穷多个。另外，这个悖论里面已经提前隐含了一个假设——阿基里斯没有追上乌龟。为什么这么说呢？因为阿基里斯跑的每一段路程，都是乌龟先跑完，才让阿基里斯跑的。现实中，不可能这样跑，阿基里斯与乌龟会同时向前跑，阿基里斯很快就会追上乌龟的。

地球上最大的"锅"

弄清楚了龟兔赛跑的问题，唐猴沙猪与我离开了悖论国。

这次进入悖论国，小唐同学和八戒无论是在心理上，还是在身体上都受到了伤害。所以，返回到纳多城后，这两人一直闷闷不乐。

"真倒霉！"八戒躺在房间里的床上，"为了学习悖论，我居然栽了一个那么大的跟头。"

"太不值了。"小唐同学也说，"我也是。"

沙沙同学安慰道："悖论国很危险，但是悖论国也挺有趣的。"

"哎，寒老师，"小唐同学眉头一皱，埋怨道，"我就搞不懂了，难道现实生活中就没有什么好玩的悖论，我们非得到悖论国去遭罪？"

"有啊，而且这个悖论还跟外星人有关系呢。"

"外星人？"八戒连连摆手，"我可不想去太空，那里估计比悖论国还危险。"

"不用去太空，只要到我国的贵州省平塘县就可以了。"

"那还不容易，现在才下午3点。"悟空说，"我们马上就去。"

"等等。"小唐同学说，"你先给我们说说，这到底是个什么悖论呀，怎么还跟外星人和贵州有关系呢？"

"我也说不清楚，到了那里，专家也许能告诉我们。"我说。

悟空带着我们几个人，大约在下午3点30分的时候，来到了贵州省平塘县的一座山上。山上气候宜人，不冷不热，放眼望去，周围都是郁郁葱葱的树木。

大家往山谷里一看，顿时惊呆了。

"好大的锅呀！"八戒一脸惊讶，"估计在中国再也找不到这样的大锅了。"

"别说在中国，就是整个地球也找不出这样大的'锅'呢。它的口径达500米，是世界上最大的射电天文望远镜。"我说。

"可是，寒老师，它跟外星人有什么关系呢？"小唐同学问。

"你们瞧，山下的大'锅'旁有一个人，咱们这就去向他打听一下。"说完，我们几个人小跑着下了山，来到那个人所在的地方。他是一位老爷爷，满头银发，还戴着一副瓶子底厚的眼镜，此刻的他正仰望着那口大"锅"，一脸沉思。

我们走到老爷爷身边。那位老爷爷转过身，看到我们，问："你们几位是谁？"

"老爷爷，我们是天文爱好者，是慕名来参观这口大'锅'的。"我说。

"哦，原来是来参观的呀。好好好，你们继续参观吧。"说完，老爷爷又仰望天空，陷入思考中。看来，这里经常有人来参观，老爷爷已经习以为常了。

"老爷爷，"小唐同学忍不住问道，"看样子您是一个有学问的人，您能告诉我们，这个望远镜是用来干什么的吗？"

"呵呵，当然是用来探索宇宙的啦。"老爷爷背起双手，没有看我们一眼。

"老爷爷，听说这个望远镜还跟外星人有关系，是

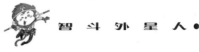

真的吗？"八戒又问。

老爷爷一听，立即转过身看着我们："看来，你们几位了解的还真不少呢。"

"可是……它跟外星人有什么关系呢？"沙沙同学说，"我们从没见过外星人，外星人真的存在吗？"

"外星人是不是真的存在，我没法告诉你们。"老爷爷说，"但是，我可以告诉你们一个悖论，然后你们自己去判断外星人是不是存在。"

"原来真的跟悖论有关系。"悟空看了我一眼，又转头看向老爷爷，"这是个什么悖论呀？"

老爷爷没有回答悟空的问题，而是指向十几米远处的一棵大树，在大树下，有一个石台子，旁边还有七八个石凳子。

"走，恰好今天没啥事，我就跟你们好好说说这个悖论。"说完，老爷爷就朝那棵大树走去。我们也兴高采烈地跟了过去，内心满是期待。

"来来来，咱们先做道数学题。"老爷爷说。

"数学题？"小唐同学说，"不是说悖论吗，怎么还做数学题？老爷爷，能不能不做？"

"嗨，这道数学题可简单了，真的。"老爷爷说，"咱

们地球所在的这个太阳系只有一颗恒星，那就是人人都
知道的太阳。但是你们知道吗？银河系内的恒星数量在
1000 亿到 4000 亿之间。"

"啊，有几千亿颗像太阳这样的恒星，那么多啊！"
八戒感叹起来。

"这还不算呢！"老爷爷说，"其实，银河系只是
宇宙无数星系中的一个而已，实际上，宇宙中有 1000 亿
到 2000 亿个类似银河系这样的星系。咱们按照最少的来
计算，也就是当作银河系只有 1000 亿颗恒星，而宇宙中
只有 1000 亿个星系，每一个星系的恒星数量都按照 1000
亿颗来计算，那么，我们可以观测到的宇宙中，恒星的
数量是多少呢？瞧，这个数学题很简单吧？"

"那么大的数字，一点儿也不简单。"小唐同学嘟
囔道。

"不难不难，有 1000 亿个星系，每个星系又有 1000
亿颗恒星，用 1000 亿乘以 1000 亿就可以了嘛。"我说，"1000
亿全部写出来就是 100 000 000 000，两个 1000 亿相乘，
结果就是 1 的后面跟着 22 个零。"

说着，我掏出一张纸，把这个数字写了出来：

$$10\ 000\ 000\ 000\ 000\ 000\ 000\ 000 = 10^{22}$$

"没错，就是这个数字。"老爷爷指着那张纸说，"地球上的沙子不计其数，但是你们知道吗？科学家估计，宇宙中恒星的数量足足是地球上沙子数量的 10 000 倍。"

"嘿嘿，人们常用'多如恒河沙'来形容数量很多，数也数不清。"沙沙同学说，"听您这么说，跟宇宙中的恒星数量比起来，咱们地球上的沙子数量少多了。这太不可思议了！"

"还没完呢。"老爷爷又说，"虽然有那么多恒星，但并不是每颗恒星都跟咱们的太阳一样。科学家估计，在这 10^{22} 颗恒星中，有 5% 到 20% 的恒星跟咱们的太阳大小和温度相似。咱们就按照最小的比例来计算吧。假如在这 10^{22} 颗恒星中，有 5% 的恒星跟咱们的太阳相似，那么，它们的数量又是多少呢？"老爷爷又开始给大家出数学题了。

八戒说："5% 的意思是，如果把那些恒星平均分成 100 份，那么跟太阳相似的恒星占 5 份，数量是……是……哎呀，数字太大了，我算不出来。"

"你说的没错。我来算。"说完，我在纸上写下了这样的算式：

$$10^{22} \div 100 \times 5 = 5 \times 10^{20} = 500\ 000\ 000\ 000\ 000\ 000\ 000$$

然后，我又在另一张纸上写下：

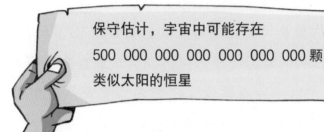

保守估计，宇宙中可能存在
500 000 000 000 000 000 000 颗
类似太阳的恒星

看着这个巨大的数字，唐猴沙猪啧啧称奇。

老爷爷又说："虽然宇宙中有如此多的恒星跟咱们的太阳类似，但是，它们中并不是每一颗都拥有像地球这样的行星。那么，在类似太阳的恒星中，有多少颗跟太阳一样拥有地球这样的行星呢？目前，这个问题还没有定论。天文学家们根据各种资料进行估计，有人估计的数量比较多，认为有一半恒星跟太阳一样拥有地球这样的行星；有人估计的数量比较少，估计最少的是有五分之一的恒星跟太阳一样拥有地球这样的行星。咱们还是按照最保守的估计五分之一来计算，并且只当每颗恒星只有一颗类似地球的行星，那么这些行星的数量就是：

$$\frac{1}{5} \times 5 \times 10^{20} = 10^{20}（颗）。"$$

我赶紧把老爷爷说的数字写出来：

保守估计，宇宙中可能存在
100 000 000 000 000 000 000 颗
类似地球的行星

"宇宙中有这么多类似地球的行星，但不是每颗行星都能孕育出有智慧的生命。咱们往少了估算：假如 100 000（也就是 10^5）颗这样的行星中，只有 1 颗能孕育出有智慧的生命，并演变出高度的智慧文明，那么宇宙中这样的行星有 $10^{20} \div 10^5 = 10^{15}$（颗）。"

我一听，也赶紧把老爷爷说的数字写出来：

宇宙中，可能存在
1 000 000 000 000 000 000 颗
智能文明星球

"其他星系距离我们非常遥远，咱们就不讨论它们了。"老爷爷接着往下说，"我们地球是银河系的一部分，按照上面的推算方式，可以计算出，我们的银河系大概有 10 万颗有着类似地球文明的行星。"

"那就是 10 万个'地球'呀！"小唐同学惊讶道，"那么多的智慧星球，而且就在咱们银河系，可是，为什么人类至今还没有发现外星人的踪迹呢？"

"对呀！这就是一个悖论。"老爷爷说，"确切地说，这个悖论叫作费米悖论。仅仅我们的银河系就可能拥有10万颗有外星人居住的星球，但是，为什么到现在我们还没有发现外星人的任何迹象呢？更别说发现外星人的飞船或者探测器了，这就是让所有科学家都感到迷惑不解的地方。"

"我明白了。"悟空站起来，看着眼前这口巨大无比的"锅"，说，"这个天文望远镜就是为了寻找外星人。"

"呵呵呵……"老爷爷从石凳上站起来，笑容满面，"只能说寻找外星人是这口大'锅'的使命之一，实际上，这个超级望远镜能干的事可多了。"

"其他使命我不懂，我现在最感兴趣的是，它是怎么搜寻外星人的？"悟空问。

"你瞧，收音机能收听广播，那是因为收音机能接收到电磁波信号。我们人类生活在地球上，每时每刻都在产生大量的电磁波，这些电磁波传到宇宙中后，就可能被外星人接收到。同理，外星人也跟我们一样，他们也在好奇，也在寻找外星人，所以，他们不但会在日常

生活中产生大量电磁波，还会故意向宇宙空间发射大量电磁波信号。如果我们能接收到外星人的电磁波信号，那么，我们就找到了外星人存在的证据。这是目前能破解费米悖论的唯一方法。"

听老爷爷这么一说，我们才明白眼前这个巨大的望远镜跟外星人的关系。

夕阳西下，唐猴沙猪情不自禁地仰望天空，陷入无尽的遐想中……

「知识板块」

费米悖论

1950年的一天，费米在和别人讨论飞碟和外星人的话题时，他突然冒出一句："他们都在哪儿呢？"

就是这句很简单的问话，后来演变成了著名的费米悖论。显然，根据计算，仅仅是银河系就有大量行星跟地球一样有智慧生命。在这些外星人中，肯定会有科学技术水平比我们高的，按道理，我们应该能接收到他们向太空发射的电磁波，甚至还能观测到他们派出的飞船。可是，直到现在，人们还没有发现外星人的踪迹。

为了解答费米悖论，美国物理学家史蒂芬·韦伯试着提出了3种可能，它们分别是：

一、宇宙中不存在别的文明。

二、外星文明是存在的，但它们迄今为止还无法和我们接触。

三、外星文明已经来到了地球，只是我们不知道。

这3种可能中，第一种最无趣了。宇

宙那么大，居然没有外星人，我们人类岂不是太孤单了？

第二种可能稍微好一些。仔细想想，宇宙大约有137亿年的历史，既然有外星文明，那么总会有比我们人类超前进化几百万年的外星人。超前几百万年是个什么概念？哎呀，也许光速飞船都发明出来了！既然这样，为何他们还不到地球来跟我们握握手呢？

第三种可能最好玩了，也许早在恐龙还在地球上横行的时候，外星人就已经来过地球了。如果是这样，那么有了第一次就会有第二次，他们可能不止一次来过地球，只是我们不知道而已。

这3种解答毕竟只是史蒂芬·韦伯提出的可能，事实到底是怎样的呢？科学家们认为，破解费米悖论的唯一办法就是发现外星人，或者发出信息，让外星人发现我们。

告别了老爷爷，我们又回到了纳多城。以后几天，除了做了一道数学题，以决定出发那天谁来挑担子外，我们什么事也没干，就是在城里到处游逛。

快乐的日子总是过得飞快。转眼，一周过去了。在超市里，我们见到了老板和巴耶夫，现在，大家准备对比一下两周的啤酒销量。

"这几天你们玩得还好吧？"老板喜笑颜开。

"无忧无虑，要多高兴有多高兴呢。"沙沙同学说。

"哈哈，那就好那就好。"老板又说。

小唐同学走到我旁边，小声说："寒老师，你输了。"

"为什么？"八戒听到了，赶忙凑了过来。

"这还不简单，你看老板满脸笑容。"小唐同学说，"要是没有赢的话，他怎么会那么高兴？那可是1000元呢，换我也高兴。先说好，我的钱不能借给你，因为我还有别的重要用途呢。"

"别着急下结论，待我先问问。"说完，我转身向巴耶夫走去。

小唐同学一把拉住了我："你傻呀，你问他能得到准确答案吗？他肯定会说，销量跟上周没啥区别。"

我挣开小唐同学的手，走到巴耶夫身旁，问道："巴耶

夫，这周的啤酒销量怎么样？跟上周对比，有没有增加？"

"哈哈……"巴耶夫笑了，指着那台电脑说，"监控摄像头拍摄的视频都存在那里，你们一看便知。"

"好！"小唐同学快步朝那台电脑走去。

"不过，为了节约你们的时间。"巴耶夫又说，"我可以直接告诉你们，我家超市上周的啤酒销量是94罐，而这周……"

巴耶夫故意停顿了一下，我们5个人都伸长脖子，心惊胆战地等着他的下文。

"这周的销量是216罐！你们赢了！"巴耶夫大声说。

唐猴沙猪一听，立即高兴得又蹦又跳。

"拿去，这是你们应得的。"老板拿出100元递给我。

我说："跟你赌不是为了钱，这钱我们不要。"

"什么？"老板还没有说话，小唐同学就跳了起来，"寒老师，你怎么回事？你要是输了，你的那1000元，老板可不会不要的。"

"就是。"八戒走到我面前一把抓住我，"寒老师，你知道100元能买多少大饼吗？"

"快别推辞了。"老板说着，又把钱递了过来，"我现在最想知道的是，你是怎么让啤酒销量增加的？"

"钱的事咱们先别讨论。"我又推开了老板的手，"我

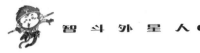
肯定会告诉你啤酒销量增加的原因。但是，你得答应我一件事。"

"什么事？"老板一脸疑问。

"你知道我为什么要跟你赌吗？"

八戒说："哈，那还不简单？因为你知道你会赢，所以就赌了，反正不会输。"

"是的，我也这么认为。"老板说。

"不对。"我说，"根本原因是，你不让巴耶夫上学，你认为数学没有用，上学也没有用，我只是想用事实告诉你，数学非常有用，这样的话，你就会让巴耶夫继续上学，而不是让他跟你一起开超市。"

"原来是这个目的呀！"老板说，"关于巴耶夫是不是继续上学的事，我会考虑的。你现在赶紧告诉我，我家啤酒销量大涨的原因。"

"不行，你现在就得跟巴耶夫做出承诺，让他继续上学，否则我就不告诉你。"我说。

"这……"老板犹豫起来。

沙沙同学趁热打铁："老板，巴耶夫可是你最得力的助手，有他在，你可能会轻松不少，钱可能也赚得多一些。但是你想想，如果巴耶夫去读书，学到了更多的

本领，他以后就会更有本事，他能帮你赚的钱会比现在多得多！"

"唉……我也不是不想让他上学。"老板说，"我们这里的好多孩子，学也上了，书也读了，但是最后，依然没有多大出息。既然这样，还不如让他早点儿回家帮忙干活。"

"天底下没有两片完全相同的树叶，更别提人了。"我说，"巴耶夫是个非常喜欢上学的孩子，又喜欢动脑筋，我相信他以后肯定会学有所成的。"

"我也相信。"悟空看着巴耶夫说。

"我们都相信。"八戒、沙沙同学还有小唐同学齐声说道。

"好，我答应你们！"老板说，"我继续让巴耶夫上学，也许你们说的是对的，巴耶夫是个不一样的孩子。"

"不是也许，巴耶夫肯定是个不一样的孩子。"沙沙同学又补充道。

"现在，寒老师可以告诉我啤酒销量增加的原因了吗？"老板问。

"当然。"我说，"原因跟数学有很大的关系，而且很简单。"

老板又问："到底是什么数学？数学不就是加减乘除吗？"

"怎么可能！"八戒抢着说，"数学的作用可大了，上至天文下至地理，没有一样不需要数学。"

我说："一个叫伦琴的德国物理学家，曾经获得过诺贝尔物理学奖，他有一句关于数学的名言，那就是：第一是数学，第二是数学，第三是数学。我国数学大师华罗庚也说过：宇宙之大，粒子之微，火箭之速，化工之巧，地球之变，生物之谜，日用之繁，无处不用数学。"

老板说："你快给我讲讲啤酒销量增加的数学吧，我都等不及了。"

「知识板块」

啤酒与尿不湿的故事

故事中，寒老师让啤酒销量增加的秘诀是利用了数学中的统计学，他通过录像大概统计了一下男士们爱买什么商品，于是把啤酒与男士爱买的商品放在了一起（因为男士比较爱喝啤酒）。

美国有一家大超市，这家超市的连锁店分布在全球各个国家，可以说这是一家全球最大的超市。数学家们统计了顾客在该超市购物的相关数据后发现，很多购买尿不湿的顾客，同时也会购买啤酒。

这是为什么呢？经过深入观察和研究发现，很多年轻的爸爸下班后去超市给宝宝买尿不湿时，会顺手给自己购买几瓶啤酒。

知道了啤酒和尿不湿的关系后，这家大超市故意把尿不湿和啤酒放在一起，这样，那些购买尿不湿的年轻爸爸们就更方便顺手取啤酒了，于是，啤酒的销量大大提高了。

　　虽然我们没有要老板给我们的100元钱，但是，当我们离开纳多城时，他送给我们几十个大饼，这可把八戒乐坏了。

　　今天是沙沙同学挑担子，因为前几天的那道数学题他没有做出来。

　　巴耶夫一直把我们送出城，才挥手跟我们告别。

　　一望无际的平原，除了那条通向西边的光秃秃的土路外，到处都是草，远处，一些奶牛三五成群地在草地上吃草。

　　放眼望去，西边的尽头，朦朦胧胧有一座大山的影子，不知道它距离我们到底有多远。

"寒老师，明天谁挑担子还没有着落呢。你是不是……"八戒走在路边，不时地弯腰拔起一根草把玩。

小唐同学说："八戒，你上次不是说，再也不提醒寒老师了吗？你总是这样说话不算数。"

"唉……"八戒说，"谁叫我这人心软呢？我可不想大半夜再把你们叫醒了。"

"八戒最耿直了。"我说，"来来来，咱们做道有趣的题。"

说完，我掏出一张纸，在上面画了这么一张图：

"那辆小车把车位号给压住了。"我说，"现在请问，那辆小车停在了几号车位？"

唐猴沙猪站在我旁边，弯着腰，目不转睛地盯着那

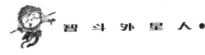

张图。为了便于他们更好地观察，我走到箱子对面。

关键的时候到了，明天谁挑担子，就在此刻决定。唐猴沙猪面对箱子上那张奇怪的图，无不冥思苦想。

然而，半小时过去了，4人依然毫无头绪。

八戒拿出纸和笔，又是写又是计算，没有成功。悟空抢过纸和笔，写写画画，最后还是只能抓耳挠腮。

小唐同学捡起悟空丢下的纸和笔，挤到箱子前，一把推开沙沙同学。

"师父，你干吗？"沙沙同学一手撑地，偏着头责问。

"我要在箱子上计算，你挡着我了。"小唐同学头也不回，答道。

"真霸道！"沙沙同学生气地说。他拍了拍屁股，走到箱子对面，蹲下来，继续看那张图。

看着看着，沙沙同学突然睁大眼睛，大喊道："我做出来了！哈哈……"

小唐同学、八戒和悟空一看，顿时一惊，又急忙看图。

"太简单了！"沙沙同学在箱子对面，对着3人说。

"没错，确实很简单。"我说。

沙沙同学转头对我说："我觉得，只要会数数，幼儿园的小朋友也会。"

"你什么意思？"小唐同学激动地说，"你说我们3个还不如幼儿园的小朋友？难者不会，会者不难。你做出来了，然后就这样讽刺我们？"

"不不不。"沙沙同学连忙摆手，"师父，你继续计算，我不说话了。"

小唐同学又重新开始演算。他在纸上写下了这样的数字——

16 06 68 88 ? 98

他把这些数字又是加又是减，弄得满头大汗。沙沙同学看在眼里，禁不住露出得意的笑容，这个笑容被八戒注意到了。

八戒眼珠一转，似乎明白了什么，他起身走到箱子对面，再次看了看那张图，结果，他的表情跟之前的沙沙同学一样。

"哈，我也做出来了！"八戒大声道。

悟空一看，一下子也明白了。他起身，闪电般跳到箱子对面，一看，也大声说做出来了。

小唐同学左手拿着那张纸，右手拿着笔，抬起头，傻傻地看着对面一脸惊喜的3个徒弟，脸上的汗更多了。

"师父居然还没明白过来。"八戒指着小唐同学说。

"就算现在做出来，还有什么用？"小唐同学把手上的纸和笔往箱子上一扔，说，"反正你们全做出来了。"

　　"也是。"八戒说。

　　"答案是什么？快说！"小唐同学问。

　　"你自己过来看。"悟空对他招手道。

　　小唐同学不解，走过去一看，顿时傻眼了。

　　"答案是87！"小唐同学大声说，"这这这……只要走到箱子对面，就算是幼儿园的小朋友都能答出来。"

　　"对呀。"我说。

"不算!"小唐同学跳起来大声说,"这不像一道数学题,我认为这道题应该作废!"

"小唐同学,这不太好吧?"说完,我转头望着其他3人,"你先问问他们答不答应。"

"当然不答应了。"八戒、悟空和沙沙同学异口同声。

"这道题出得太没水平了。"小唐同学扔下一句话就走了。大家跟在他后边,有说有笑。

路上,小唐同学还是一肚子火。

"寒老师,你能不能出点儿有技术含量的题?"小唐同学对我说,"你是不是江郎才尽了?"

"哈哈。"我说,"接下来这些天,咱们就做一些稍微难一些的题目,好吗?"

"哼!"小唐同学更生气了。

在一望无际的大草原上,西方隐隐约约露出了一座大山的轮廓,但是大山的后面是什么,会有什么新世界,我们全然不知,就连走到大山脚下还需要多长时间,我们也不知道。好在我们的箱子里有好多大饼,我们不必担心食物不够。

天快黑了,但我们还没有走到大山脚下,远远望去,大山的轮廓只是变大了一些而已。

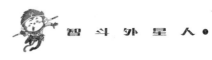

　　睡了一晚上之后，我们又上路了，今天是小唐同学挑担子。

　　只要轮到小唐同学挑担子，我们的行进速度就会慢下来。不过，大家也并不在意，八戒和悟空走在前面，不时地拔着路边的草玩，沙沙同学和我也是一边走，一边欣赏着周围这大好的风景，不时地说笑。唯有小唐同学挑着担子，走在最后面，吭哧吭哧。

　　下午，我们终于来到了山脚下，这座山异常高大，今天想翻过去看来是不可能了。

　　左右望了望，我们发现山脚下向北的方向有一条小路，大家讨论了一下，决定沿着小路往北走。

　　当红红的夕阳在西边落下一半时，我们正好绕到了大山的后面。令我们惊喜的是，不远处有一个小镇。我们高兴得又蹦又跳，赶紧朝着小镇走去，没走几步，我们遇上了一个大妈。

　　"大妈，请问这是什么地方？"沙沙同学走上前问。

　　"你们是外地人？"大妈反问。

　　八戒说："没错，我们从东方来。"

　　"哦。"大妈摇了摇头，一脸愁容，"如果是这样，我劝你们还是继续上路为好，别在这里停留。"

　　"为什么呀？"小唐同学一听，顿时一脸失望，他挑了一天担子，累得不成样子，希望赶快找一个旅馆舒舒服服地住下。

　　"瞧见没？"大妈抬手指了指身后那座大山，"这座大山非常高。"

　　"山上可有妖怪？"悟空问。

　　"没有。"大妈说，"不过，我们这里流传着这样一句话，'山高皇帝远，民少相公多。一日三遍打，不反待如何。'"

　　"大妈，您到底想说什么？"八戒问。

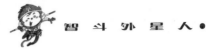
　　"我的意思是，前面的小镇叫摩多城，属于偏远地区。这里不遵守法纪的坏人很多，警察都管不过来。"大妈说，"而你们又是外地人，所以我才劝你们早点儿离开，别在这儿停留。"

　　"哦，原来是这样。"悟空说，"不要紧，有我在呢！不怕有坏人。"

　　"我们真的要住下？"沙沙同学问道。

　　"怕什么？"悟空说，"连师父都不害怕，你还怕？"

　　"师父？"八戒说，"哈，如果不住下，他将继续挑担子前行，他才不愿意呢！"

　　"没错，我就是这么想的。"小唐同学说，"今晚我们就得住下，但是我有个条件。"

　　悟空问："什么条件？"

　　"我们要在距离警察局最近的旅馆住下，越近越安全。"小唐同学说。

　　"这倒是个好主意。"八戒说完，转头问大妈，"大妈，请问，警察局在哪个方向？"

　　"那边。"大妈抬手给我们指了一个方向。

　　于是，我们告别了大妈，往摩多城走去。

　　半小时后，我们来到了摩多城的大街上。虽然现在还不到晚上 7 点，但是大街上的行人已经很少了，只有一伙一伙的年轻人，他们在大街上闲逛，不时地发出怪异的喊声，听上去，像是喝醉了酒。

小唐同学挑着担子，不敢再落在后面，他走在我们之间，还警惕地四处张望。

走了一会儿，我们在大街上遇到了 5 个人，他们全拿着酒瓶，摇摇晃晃地走。看见我们时，他们停了下来，横在路中间盯着我们看，一脸凶相。因为他们看到悟空

和八戒手中都拿着武器，就没有冲过来。不过，这还是把小唐同学吓得够呛。

大概过了20分钟，我们走到了警察局。

"到了到了！"小唐同学说，"赶紧在周围找个旅馆，越近越好。"

我们四处张望，非常幸运，就在距离警察局几十米的地方，有一家小旅馆，虽然显得很破落，但是我们管不了这么多了。和干净舒适比起来，还是安全更重要。

谁偷走了珠宝

在小旅馆安顿好后，八戒提议到大街上找一家餐馆大吃一顿，但是小唐同学坚决反对。

"你不要命啦？"小唐同学摇着头说，"大街上那些酒鬼你没看到吗？那些酒鬼喝醉了，发起疯来可不要命。"

"怕什么呀！"悟空说，"师父，还有我呢。"

"有你也不行。"小唐同学继续摇头，"你是能保护我，但万一有个差池，我还是可能受伤。我们还有大饼，今晚先凑合着吃，明天白天，我们再去大吃一顿，行不行？"小唐同学说完，看了看大家。

没办法，我们只好依了他，拿出大饼吃了起来。吃

完大饼后，才晚上8点，大家往床上一躺，顿感无所事事。

"走，我们出去逛逛。"悟空忍受不了，从床上坐起来。

"别去别去。"小唐同学说，"明天白天咱们再去。"

"去警察局也不行呀？"悟空问道。

一听说是去警察局，八戒和沙沙同学也急忙起身。

"对，我们去警察局打听一下，为什么摩多城的治安这么差。"八戒说，"师父，你也累了，你一个人在这儿休息吧。"

"那不行。"小唐同学一听要他一个人留下来，急忙翻身下床穿鞋。

来到警察局，推门而入，我们看见一个穿警服的中年男子。他满脸胡子，鼻梁高高的，脸上还有道刀疤，看起来很凶。他坐在椅子上，正在看电视。

"有什么事？"中年男子抬手关了电视。

"你好，请问怎么称呼呢？"小唐同学礼貌地问。

"我姓陈，叫我陈警官就好。"

"哦，陈警官，你好。"我说，"我们想打听一些事。"

"请坐！"陈警官指着屋内的大长椅说。

坐下后，小唐同学又问："陈警官，这里只有你一个警察吗？"

"不是。我们警察局总共有 4 个警察呢，两个下班回家了，一个在里屋。"陈警官问，"你们到底有什么事？"

"哦，没事没事。"沙沙同学说，"我们是外地人，听说摩多城治安很差，所以过来打听一下，为什么治安会这么差？"

陈警官说："这些年摩多城经济萧条，年轻人游手好闲，所以案件多发。"

"既然这样，那为什么不多派一些警察到摩多城呢？"小唐同学问。

"没用。"陈警官说，"每年都有其他地方的警察被调过来，但是干不了多久，最多半年，他们就纷纷离开了。"

"那你们 4 个人忙得过来吗？"八戒又问。

"怎么可能忙得过来？"陈警官说，"再来 10 个人，人手才勉强够。"

"哦，明白了。"八戒说，"那这样的话，治安岂不是越来越差，你们更忙不过来了？"

"事实就是这样。"陈警官摊开双手，"可是我们有什么办法呢？"

"我们明白了。"我站起身，"谢谢你，陈警官，

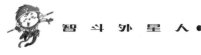
我们先回去了。"

回到旅馆后，我们脱鞋上床，准备睡觉。

"陈警官他们就4个人，确实挺辛苦的。"沙沙同学说，"我看到他脸上有道刀疤，一定是去抓坏人时，被坏人砍的。可惜，我们不是警察，否则的话，我们可以留下来帮他们几天忙。"

"帮忙？别逗了。"小唐同学翻了一下身子，准备好好睡觉。

"虽然我们不是警察。"我说，"但是我们会数学呀！也许真能帮他们一些忙呢。"

"真的？"八戒问，"会数学也能破案？"

"嗯嗯，数学中，有一个分支叫逻辑推理。"我说，"破案的时候，它常常能帮上忙。明天我们试试看！"

"太好了！"八戒说。

大家又继续聊了一会儿，才各自进入了梦乡。

我们第二天早上10点才起床，此时，太阳已经照进屋子里了，屋子里亮堂堂的。

"天气真好！"沙沙同学站在窗边，抬头望天，"这天蓝得就像水洗过一样。"

在大街上，我们看见一个打扮时尚的女人，还有一个看上去有点儿凶的男人。他们的身旁，还有两个警察。

"这两个人是来报案的吗？"八戒问。

"不太像，看他们的神情，没准是被抓来审问的。"悟空说，"走，我们跟过去看看。"

我们跟着他们来到了警察局，一眼就看到了昨天跟我们聊天的陈警官。

"陈警官，在我们之前进来的那两个人可是来报案的？"小唐同学问。

"他们是来协助调查的。"陈警官说，"他们是一

对夫妻，有一个儿子和一个女儿。他们家最近被人举报参与了一起珠宝盗窃案，现在，我们已经断定，这个家庭中的一个成员是盗贼，可是这个人把罪责嫁祸给了另一个家庭成员，想免除牢狱之灾；而其他两个家庭成员，一个是目击者，另一个是盗贼的同谋。糟糕的是，珠宝店以及附近的监控探头都被破坏了。"

"啊？"小唐同学惊叫起来，"这么可怕呀！嫁祸自己的家人？"

"嗨。"陈警官说，"在摩多城，这都不算啥。"

"你们今天审问他们，发现谁才是真正的珠宝大盗了吗？"沙沙同学问。

"还没有。"陈警官说，"不过我们的审问也不是毫无收获，我们确定了一些事。但是珠宝大盗还没有找到，因为还没找到证据。"

"陈警官，你能把你们审问后得出的结论给我们说说吗？"我问。

啪的一声，陈警官把一份文件扔到桌子上，说："都在这份文件里，你们自己看吧。"

我们冲过去，急不可待地打开文件，看到以下这些文字：

（1）同谋和目击者性别不同。

（2）最年长的成员和目击者性别不同。

（3）最年轻的成员和被嫁祸者性别不同。

（4）同谋的年龄比被嫁祸者大。

（5）父亲是最年长的成员。

（6）盗贼不是最年轻的成员。

看完这些文字，唐猴沙猪顿时感觉晕头转向。

"走吧。"小唐同学拉了我一下，"我现在能确定，

咱们帮不上忙。"

"再等等。"我说。

"还等什么呀，咱们在这儿，会影响陈警官他们办案的。"小唐同学又说。

在获得陈警官同意后，我把这些文字抄在一张纸条上，然后就走出了警察局大门。

白天的摩多城，不再像晚上那么恐怖，到处都是卖东西的，街上人来人往。我们找了一家餐馆，每个人要了一大碗粉条，尽情地吃起来。

"这4个人的角色分别是父亲、母亲、儿子、女儿。"我一边吃，一边拿出那张字条，"那么，谁偷走了珠宝呢？"

"别折腾了，寒老师。"八戒吃完一大口粉条后说，"咱们现在连被嫁祸者是谁都不知道，还想查案？"

"对呀。我们居然忘记问了。"悟空说，"都怪师父在那儿催呀催的，真烦人。"

"你们先吃着。"沙沙同学起身，"我再去打听一下。"

"别急。"我制止了沙沙同学，"你快坐下，虽然陈警官没有告诉我们谁是被嫁祸者，但是我们应该能推断出来，而且，还有可能把真正的盗贼找出来。"

"别开玩笑了。"小唐同学抬起头，呼噜噜地把一根粉条吸进嘴里，说，"赶紧吃，吃完了咱们出去玩一会儿，也不枉到过摩多城。"

"对哦对哦。"八戒说。

"这张纸上有6条结论。"我说，"谁要是能从这6条结论中推断出谁是盗贼，就……"

"就怎么样？明天他不用挑担子？"小唐同学打断了我，"我们才不干呢。"

我又说："今天他的饭钱我就包了。"

"啊！"八戒惊叫一声，"你说的可是……真的？"

"那当然。"

八戒一听，立即转头向老板："再来一碗粉条，多加一些葱花。"

小唐同学一脸嘲笑："八戒，你确定你能找到真正的盗贼吗？哈哈……"

八戒说："寒老师既然这么说，就说明可以从这6条结论中把这个盗贼找出来，既然如此，我为什么不能冒险再要一碗粉条呢？这样动力也大些。"

"八戒说的对。"我补充道，"其实，我已经想出谁是盗贼了，你们也赶紧推理吧！"

八戒一听，赶紧伸手把我手中的字条抢过去，仔细研究起来。

其他3个人一听，觉得八戒的话有道理，也都又各要了一碗粉条。之后，4个人开始冥思苦想起来。

"这道题比较复杂，我劝你们用笔和纸好好分析。"我说。

4个人一听，纷纷赞同，又找老板借来4支笔和4张纸。

唐猴沙猪一边吃，一边思考。然而，每个人的两碗粉条吃完后，还是没有头绪。

半个多小时后，八戒突然跳起来，大声叫道："我找到盗贼啦！"

八戒的这声惊呼除了吓了我们一跳外，邻座的人，还有老板也被吓了一跳。

　　邻座一个老大爷走过来，责怪道："年轻人，你找到什么盗贼了？咋呼什么呢？"

　　"你们摩多城前不久发生的一起珠宝盗窃案，我现在找到盗贼了。"

　　"你说的可是前几天发生的那起案件？一家四口都被牵连进去了。"老大爷问道。

　　"应该是。"八戒说，"就在今天，警察还在审问他们。"

　　老大爷点点头，又问道："真正的盗贼是谁？整个摩多城的人都很关注此案，珠宝店价值近百万元的珠宝被盗，可轰动了。"

　　"是……"八戒准备说出来，可是看了看我们，又打住了，"老大爷，我稍后再告诉您。"

　　八戒越是这么说，店里的人越是好奇，所有人都看向我们。

　　"八戒你过来，小声告诉我盗贼是谁，可别搞错了。"我对八戒招手道。

　　八戒走过来，在我耳边小声地说出了他的答案，果然是正确的。

　　"时间不等人。"我对其他3个人说，"再给你们10分钟，你们如果还是解答不出来就算了。今天我就请

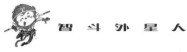
八戒吃饭得了。"

3个人一听，都很着急，又赶紧埋头思考起来。

10分钟后，他们依然没有想出来。

"老板，结账。"我站起来，转头朝收银台喊道。可是一转头，发现老板就站在我们旁边。

"你们真的找到那个偷珠宝的家伙了？"老板没有想着结账，反而问我们这个。

"对！所以我们得马上去警察局，通知陈警官。"我说，"多少钱？"

"如果你们真的找到了盗贼，这几碗粉条还收什么钱呀！免费！"老板说。

"什么？太好了！"小唐同学立即站起来，"老板，你真好！"

"嗨，咱们摩多城，老是有一些案件破不了，这才导致治安越来越差。你们找到了盗贼，他就会受到严惩，这对其他坏人有震慑作用。和这些相比，这点儿饭钱又算什么呢？"

"感谢老板！"我说，"我们得赶紧去警察局了。"

说完，我们5个人就离开餐馆，向警察局走去。没想到，我们的后面，跟着十几个看热闹的人，这些人中，有那个老爷爷，还有餐馆的老板。

　　还没进警察局大门，八戒就大喊："陈警官，陈警官，我们找到那个偷珠宝的盗贼了！"

　　陈警官闻声出门，一看，吓了一跳。因为外面除了我们5个人，还有不少看热闹的人。

　　"真的找到了？你可别乱说。"陈警官说。

　　"不是乱说的。"八戒一脸自信。

　　"好，那盗贼到底是谁？你怎么找到的？"陈警官问。

　　"我先不告诉你盗贼是谁，我先告诉你，我们是怎么找到盗贼的。"八戒转身看了看身后围观的群众，思考了一下，又说，"陈警官，请把你们屋里的那块大黑板搬出来，我当众告诉大家，我是如何找出这个盗贼的。"

　　"没问题。"陈警官吩咐旁边的年轻警察，"快去把黑板搬出来。"

　　大黑板架好后，八戒拿起一支粉笔，开始推理起来。

「知识板块」

谁 是 盗 贼

基本情况：一家四口，父亲、母亲、儿子、女儿。家庭中的一个成员是盗贼并嫁祸给了另一个成员；其他两个成员，一个是目击者，另一个是盗贼的同谋。

通过讯问，警方已经知道以下6条结论，分别是：

（1）同谋和目击者性别不同。

（2）最年长的成员和目击者性别不同。

（3）最年轻的成员和被嫁祸者性别不同。

（4）同谋的年龄比被嫁祸者大。

（5）父亲是最年长的成员。

（6）盗贼不是最年轻的成员。

开始逻辑推理：

根据结论（3）可知，最年轻的家庭成员不是被嫁祸者；

根据结论（4）可知，最年轻的家庭成员不是同谋；

根据结论（6）可知，最年轻的家庭成员也不是盗贼。

既然最年轻的家庭成员不是这3种角色，那么，他只可能是目击者。而其他3个家庭成员，分别扮演着3种不同的角色，分别是：同谋、盗贼、被嫁祸者。

只是，到底哪个家庭成员扮演什么角色，我们还不能确定。不过没关系，根据结论（4）"同谋的年龄比被嫁祸者大"可以推断出，年龄最大的人不可能扮演被嫁祸者的角色。

所以，咱们可以把这3个人扮演的角色组合一下，一一列出来。

第一种可能	
年龄最大的家庭成员	同谋
年龄第二大的家庭成员	被嫁祸者
第二年轻的家庭成员	盗贼
最年轻的家庭成员	目击者

第二种可能	
年龄最大的家庭成员	同谋
年龄第二大的家庭成员	盗贼
第二年轻的家庭成员	被嫁祸者
最年轻的家庭成员	目击者

第三种可能	
年龄最大的家庭成员	盗贼
年龄第二大的家庭成员	同谋
第二年轻的家庭成员	被嫁祸者
最年轻的家庭成员	目击者

根据结论(5)"父亲是最年长的成员"，可以推断出，母亲是年龄第二大的家庭成员。

结论(2)"最年长的成员和目击者性别不同"可以改写成"父亲和目击者性别不同"。父亲是男性，那么目击者一定是女性，而上面我们已经得知，目击者是最年轻的家庭成员，那么只有一种可能：目击者是女儿，而不是母亲。

既然最年轻的是女儿，那么第二年轻的应该就是儿子。如此，现在我们可以把之前列出的那3种可能改写为——

第一种可能	
父亲	同谋
母亲	被嫁祸者
儿子	盗贼
女儿	目击者

第二种可能	
父亲	同谋
母亲	盗贼
儿子	被嫁祸者
女儿	目击者

第三种可能	
父亲	盗贼
母亲	同谋
儿子	被嫁祸者
女儿	目击者

　　根据结论（3）"最年轻的成员和被嫁祸者性别不同"，我们可以知第一种可能不成立，因为在第一种可能中，最年轻的成员跟被嫁祸者都是女性。所以，排除第一种可能。

　　根据结论（1）"同谋和目击者性别不同"，说明第三种可能是不成立的。

　　所以，上面的3种可能中，只有第二种可能是成立的。也就是说，盗贼是母亲，被嫁祸者是儿子。

听完八戒的推理，陈警官知道了答案，他来不及感谢八戒，转身对两个年轻警察说："快，你俩去把那个女人带来。"

两个警察一听，马上飞奔而去。

围观的群众越来越多，现在已经有上百人了，当他们看到盗贼被找出后，立即爆发出一阵热烈的掌声。此时的八戒，脸上已经笑开了花。

"都散了吧。"陈警官对围观的群众说，"我们还要请这几位先生再帮一些忙。"

说完，陈警官就拉着我们进了警察局。

"你们以前是……侦探？你们此行的目的是为了调

查某起大案吗？"陈警官给我们每人倒了一杯茶后，望着我们说。

"不。"八戒说，"我们此行的目的，就是为了学习数学。"

"只是为了学习数学？"陈警官感叹起来，"我还以为你们是大侦探呢。"

"虽然我们没有当过侦探。"我说，"但是数学的用处也很大，尤其是数学中逻辑推理这门分支，可以帮助你们破案。"

"太好了！既然这样，你们再帮我们破一个案子吧。"陈警官说罢，起身从一个柜子里拿出一份文件，"来，你们帮忙看看。"

我们翻开文件，发现文件上记录如下：

一个精神病医生在自己的住所里被杀害，这个医生有4个病人，全是精神病患者，他们都受到了警方讯问。警方根据目击者的证词得知，在医生死亡那天，这4个病人都单独去过一次医生的住所。在讯问前，警方得知这4个病人私底下共同商定，每个人只向警方陈述两条证词，且每一条证词都是谎言。

每个病人陈述的证词分别是——

徐强：

（1）我们4个人谁也没有杀害精神病医生。

（2）我离开精神病医生住所的时候，他还活着。

李志：

（3）我是第二个去精神病医生住所的。

（4）我到达精神病医生住所的时候，他已经死了。

张亮：

（5）我是第三个去精神病医生住所的。

（6）我离开精神病医生住所的时候，他还活着。

赵峰：

（7）凶手不是在我去精神病医生住所之后去的。

（8）我到达精神病医生住所的时候，他已经死了。

因为有了一次成功的经验，唐猴沙猪这次都很有信心，他们每个人都摩拳擦掌，注意力高度集中，希望自己可以第一个把凶手找出来。我也拿起纸和笔推理起来。

时间一分一秒地过去了，唐猴沙猪使用的纸张也越来越多，他们写满一张纸，又会在另一张纸上继续推理。

墙上的大钟响了。原来，不知不觉，已经到了中午12点。陈警官说："各位，咱们先去吃午饭，今天我请客，走！"

"等等。"八戒头也没有抬，依然在纸上写写画画。

其他3人见八戒好像快要找到凶手了，也都不去吃饭了，继续埋头思考。

过了一会儿，我把手中的笔往桌子上一放，站起来。

"寒老师，你找到凶手了？"八戒急忙问。

"刚刚找到。"

"啊！"陈警官立即跑过来，大声问："是谁？"

"不准说！"八戒叫道，"我也快了，到时我们一起告诉你答案。"

小唐同学也说："陈警官，再等我们一会儿，这是个锻炼的机会，我们每个人都想靠自己的努力找到凶手。"

"没问题！"陈警官说完，叹起气来，"你们真好学。要是摩多城的年轻人都像你们一样好学，那我的工作至少比现在轻松10倍。"

"怎么？"我问道，"摩多城的年轻人都不喜欢学习吗？"

"这里的年轻人大都觉得读书无用。"陈警官说，"他们认为武力才是最重要的，所以经常打打杀杀的。"

"哦，原来如此。"我说，"既然找到了原因，为什么不试着去改变一下呢？"

"改变？"陈警官说，"我们小小警察局，又能做

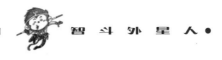

什么？什么也做不了。"

"哦。"我点点头。

正说着的时候，八戒把笔往桌上一扔，惊喜地说："我找到凶手了！"

"真棒！"陈警官上前拍了拍他的肩膀，"一会儿请你吃好吃的。"

"我最喜欢听这句话了。"八戒嬉皮笑脸，"嘿嘿嘿……"

就在这时，悟空也站起来，又蹦又跳："我也做出来了！哈哈。"

陈警官又上前拍拍悟空的肩膀，说道："真谢谢你。"

"不用谢。"悟空说，"我们也从中学到了很多东西嘛。"

正说着，小唐同学也做出来了。又过了一会儿，沙沙同学也找到凶手了。

"现在，你们可以告诉我凶手是谁了吧？"陈警官一脸笑容地望着大家。

于是，我把凶手是谁和推理过程告诉了陈警官。

「知识板块」

谁 是 凶 手

为了厘清思路，做出准确的推理并找出凶手，我们把4个病人的证词放在一个表格里，即下表。

病人姓名	证词
徐强	（1）我们4个人谁也没有杀害精神病医生。
	（2）我离开精神病医生住所时，他还活着。
李志	（3）我是第二个去精神病医生住所的。
	（4）我到达精神病医生住所时，他已经死了。
张亮	（5）我是第三个去精神病医生住所的。
	（6）我离开精神病医生住所时，他还活着。
赵峰	（7）凶手不是在我去精神病医生住所之后去的。
	（8）我到达精神病医生住所时，他已经死了。

除了以上证词，我们还需牢记这两点：一是，在医生死亡那天，这4个病人都单独去过一次医生的住所；二是，这4个人陈述的证词都是谎言。

下面开始逻辑推理。

既然我们得知，4个人的证词都是谎言，

那么，我们就可以把所有证词都改写一下，这点不难，往相反方向修改就行，如下表。

病人姓名	证词的真实信息
徐强	（1）这4个人中，有一人杀害了精神病医生。
	（2）徐强离开精神病医生住所时，医生已经死了。
李志	（3）李志不是第二个去精神病医生住所的。
	（4）李志到达精神病医生住所时，医生依然活着。
张亮	（5）张亮不是第三个去精神病医生住所的。
	（6）张亮离开精神病医生住所时，医生已经死了。
赵峰	（7）凶手是在赵峰之后去精神病医生住所的。
	（8）赵峰到达精神病医生住所时，他还活着。

要找到凶手，就要先把4个人到达医生住所的先后顺序弄清楚。

根据证词（4）和（8），李志和赵峰到达精神病医生住所的时候，医生还活着。这说明，两人比凶手先到医生住所，否则的话，他们不会看到活着的医生。

根据证词（2）和（6）可知，徐强和张亮离开医生住所时，医生已经死了，这说明，徐强和张亮比李志和赵峰晚去医生住所。

在顺序上，大致是这样的：李志和赵峰先去的医生住所，徐强和张亮后去的医生住所。

根据证词（3）"李志不是第二个去精神病医生住所的"，可以推断赵峰必定是第二个去的，接着推断出，李志是第一个去的。

根据证词（5）"张亮不是第三个去精神病医生住所的"，可推断出徐强必定是第三个去的，从而推断出，张亮是第四个去的。

经过分析，4个病人去的先后顺序是——

李志→赵峰→徐强→张亮

证词（7）"凶手是在赵峰之后去精神病医生住所的"，说明凶手要么是徐强，要么是张亮。

证词（2）"徐强离开精神病医生住所的时候，精神病医生已经死了"，说明徐强是凶手。

外星人来袭

　　我们连破两起大案，一下子成了摩多城里的名侦探。接连几天，总有人慕名而来，听我们讲述破案的经过。对此，唐猴沙猪非常得意，总会给来访者耐心地讲解。每天，我们还会到警察局，利用数学知识帮陈警官分析案情，又破获了几起大案。

　　然而，一到晚上，大家那种愉快的感觉就消失了。因为每当夜晚来临，总会有一些酒鬼在大街上乱喊乱叫，寻衅滋事。

　　"唉……"八戒叹了一口气，"我还以为，我们连破几起大案，能震慑住那些整天无所事事的家伙。可是这一到晚上，那些人又是聚众喝酒，又是打打杀杀，真是让人失望。"

"我就不信治不了这些人！"沙沙同学离开床，"走，咱们到警察局跟陈警官商量商量。"

小唐同学立即反对："这大晚上的，你别去打扰他了。要是有方法，陈警官他们还用和你商量？"

"你要是不想去，就一个人留在屋里。"悟空显然赞同沙沙同学的提议，也起身往门口走去。我和八戒一看，也跟了出去。

小唐同学回头望了望窗户，听见外面大街上传来的那些恐怖的声音，想也不想，一溜烟跟了上来。

"你们还没睡？"陈警官见我们这么晚来到警察局，一脸纳闷儿。

"睡不着，大街上不时传来酒鬼乱喊乱叫的声音，烦死了。"八戒说，"我说陈警官，难道，你们真的拿他们一点儿办法都没有吗？"

"唉……"陈警官说，"那些人，十几个十几个一伙，晚上喝醉酒，胆子就会变得很大，无所顾忌。5年前，我们的一个同事去制止，结果还被他们打成了重伤，那时我还没来这个警察局。虽然最终警方严惩了行凶者，但

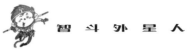

并未能改变那些人一到晚上就喝酒闹事的状况。3年前，警方全体出动，结果，那些人因为醉酒，胆大包天，跟我们警察打了起来，你们瞧我脸上的伤疤，就是那时留下的。不是我们不想管，而是管了多次，依然没什么效果。"

小唐同学无奈地说："这摩多城到底是怎么了？别的城镇一到晚上就灯火通明，大街上比白天还热闹，人们快快乐乐地吃着各种小吃。而每当夜幕降临，摩多城的大街上就是一群无所事事的醉鬼在游荡、闹事，普通人都不敢上街。"

"难道这帮家伙就不会在家看看书？"沙沙同学一脸疑问。

"看书？"陈警官说，"呵呵，怎么可能，这些人的眼里除了暴力，就是酒。"

"我去看看。"八戒说着，就出了大门，来到黑暗的大街上，看到一些人影在街上游荡，没一会儿就被吓回来了。

接着，悟空也推门出去了。我正好有些事情要交待给悟空，所以也出去了。在外面待了几分钟，我们也回来了。悟空坐在长椅上，一脸无奈。

"快回去睡觉吧。"陈警官劝道，"没用的。该想的办法我们都想了，如果有办法，我们这里的警察也不会接二连三地离开，导致我们人手不足。"

"走吧。"我招呼了一下大家，又转头向陈警官说，"陈警官，明天一早，我们就要离开摩多城了。谢谢你们这几天的款待，非常感谢。"

"该说感谢的应该是我们。"陈警官说，"谢谢你们为我们破了几起大案，真希望摩多城的年轻人能像你们一样好学，而不是整天游手好闲。很抱歉，摩多城的治安很不好，我也就不好意思再挽留你们了。"

"陈警官别这么说。"沙沙同学说，"再次感谢陈警官，拜拜。"

"拜拜。"陈警官也对我们招手。

出了警察局的大门，我们5个人又来到大街上，小唐同学拉住悟空的胳膊，缩头缩脑的。

几乎没有一户人家开灯，而路边那些该亮的路灯，也早被人砸坏了，如果没有月光，整个摩多城的晚上怕是要一片漆黑了。

凉风吹来，大家感到身上一阵阵发冷。

就在我们快要走到旅馆门口时，突然，我们看见8个人影，他们堵在我们的前面。月光下，他们穿什么衣服我们看不清楚，长什么样我们也不知道，我们只能看到他们有的拿着酒瓶，有的拿着长刀。

"站住！"一个高大的身影缓缓走上前两步，对我们冷冷地说。月光下，我们看见他头发很长，但这是一个男人的声音。

"你们是谁？"小唐同学躲在悟空身后问，声音颤抖。

"想必，你们就是这几天到摩多城的那5个外地人吧？"长发男又向我们靠近了几步，其他7个人也跟着慢慢向我们靠近。

"是又怎么样？"悟空冲上前，指着那人道，"我早就想会会你们这些人了，你们把一个好端端的摩多城搞得乌烟瘴气！"

"哈哈哈……"一个拿着酒瓶的男子大笑道，"那就好，那就好！你们这几天帮着警察破了好几起案件，害得我们的几个兄弟被抓了。今天，我就让你们下地狱！"

说完，这个男子把酒瓶往地上一摔，然后从背后抽出一把刀，慢慢地向我们靠过来，其他7个人也跟了上来。

八戒和沙沙同学走上前，跟悟空站起一起，我和小唐同学则待在原地，不敢动弹。

"来吧！"悟空对他们喊道。

"来了！"声音来自我们的身后，小唐同学一听，扭头一看，顿时吓得大叫。

我们的身后，也有七八个人围了上来。情况不妙，我们被包围了！

然而，就在这时，突然一片大亮，好几束强光从我们的头顶射下。

"直升机？"八戒仰头，眯着眼看了一下，"难道是警局派人来了？"

正当我们一阵高兴时，头顶的飞行器突然伸出5只大铁手，一下子就把我们抓住了，一拉，就把我们拉到那个庞大的飞行器上了。小唐同学朝着那群堵截我们的家伙得意地说："哈哈，搭救我们的人好厉害，派了这么一个像宇宙飞船的飞行器。看你们怎么办！"

可奇怪的是，不一会儿，飞行器又伸出5只铁手，朝着长发男他们的方向伸了过去，把他们中的5个人也抓了上来。我们被带到了飞行器里面，房间里很亮，对面摩多城的那5个人，其中一个是长发男，一个是之前摔瓶子的酒鬼，还有其他3个人。

"这是什么意思？搭救我们，为何把这些人也抓了上来？"小唐同学满脸疑问，"这是哪里？"

话音一落，一个长相怪异的家伙从一

扇门后走了出来。他头上没有头发，光秃秃的，一脸凶相。

他说："我们来自阿西星球，你们正在我们的飞船里。"

"什么？"八戒惊叫道，"阿西星球在哪里？"

"一个距离地球很遥远的地方。"

"你们是外星人？"小唐同学问。

"对于你们来说，确实是的。"外星人说，"但是，对我们来说，你们才是外星人。"

"抓我们来干什么？"八戒问，"你们是来搭救我们的吗？可是，你们把那5个坏人抓来干吗？"

"搭救？不。"外星人说，"恰恰相反，我们阿西星人认为，地球人很好吃，我们准备吃掉所有地球人。"

"你敢？"那个酒鬼歪歪扭扭，指着外星人说。

吱——

外星人的手中射出一道闪电。酒鬼当场被闪电击倒，疼得在地上大喊大叫。

众人一看，立即吓得两腿颤抖。八戒一听要被吃掉，赶紧向门边逃去，可是刚跑几步，也被闪电击中，当场倒地，发出惨叫。这下，再也没有人敢不听话了，悟空也是一副老老实实的样子。

外星人说："虽然地球人看起来很好吃，但是我们

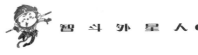

阿西星球拥有非常高级的文明，拥有完善的法律，我们的法律禁止我们吃那些有很强逻辑推理能力的生物。我们不确定地球人有多强的逻辑推理能力，所以我代表阿西星人给你们做一个测试。"

外星人说完，就用手指了指屋子中央，顿时，屋子中央一下子冒出 10 个高矮不一的小台子，确切地说，这些台子是从高到矮排列起来的。

外星人指着那 10 个台子，说："你们 10 个人一会儿要站到台子上，从高到矮排成一条直线，如此，每个人就可以看到站在自己前面的所有人，需要注意的是，任何人都不能往后看或者离开台子。"

"然后……"外星人看了看大家，又说，"你们每个人的头上都会有一顶白色或者黑色的帽子。帽子的颜色是随意分配的，没有任何规律，而且我也不会告诉你们，每种颜色的帽子总共有几顶。最后，当我说'开始'时，每个人都必须猜自己帽子的颜色，从第一个人，也就是从站得最高的那个人开始猜。"

外星人又说："不要试图说除了'黑'或'白'以外的词，或者通过声调和音量等其他方式给别人做出任何暗示，否则，就会被电击 5 下。10 人中，如果有 9 个人能猜对，就算你们通过测试。否则的话，你们都会被电击10下。之后，我们会放你们离开，明天晚上我们继续抓来10人，进行第二次测试。如果还没有通过测试，第三天晚上再测试最后一次。如果还是没有通过，我们就会把地球人全吃掉，当然，会先从你们摩多城开始。"

"给你们10分钟的时间来商量，想想怎么才能猜出自己头上帽子的颜色。"外星人看了看我们5个人，又看了看对面5个人，"我介绍完毕，你们开始商量吧。"

外星人话音一落，摩多城那5个人就朝我们冲过来。

"快快快，救救我们摩多城的人。"长发男一脸乞求，"你们快想想办法。"

"哼！"悟空说，"现在知道求我们了？我们才不管呢，明天一早，我们就离开摩多城。"

"求求你们了！"酒鬼不再那么迷迷糊糊，他现在清醒极了。

"悟空，你别这样。"小唐同学说，"救他们也是救咱们自己。"

"可是，我也没有办法呀。"悟空说着，转向我，"寒老师，你有办法吗？"

"我在思考。"我说。

我们苦苦思索了 10 分钟，还是没想出对策。外星人不等我们了，他让我们站到那 10 个台子上，然后叫我们猜，我们哪能猜出来呀！结果，我们每个人都被电击了 10 下，浑身刺痛，那感觉，这辈子绝对不想再有第二次。

最终，我们被放出了飞船。

第二天，这事就在摩多城传开了，无人不知，无人不晓。全城所有的人都陷入恐慌中，如果不能通过测试的话，全城的人都将被吃掉。阿西星人的科技水平远超我们，他们绝对有这个能力。

白天，好多人堵在我们住的旅馆门口，希望我们能想出办法。他们把门口堵得水泄不通，弄的我们都没法出门。最后，还是陈警官过来帮我们解了围。他将我们拉到警察局，希望我们在那里尽快想出办法。

然而，夜晚来临时，我们依然没想出办法。

晚上，大街上比往常更冷清，很多人平时晚上就不敢出门，现在更不敢了，只有那些胆大的人，才敢到大街上看看动静。

我们不敢回旅馆，吃住都在警察局里。

晚上10点，当我们还在想，今晚阿西星人的飞船会不会再来时，突然，我们的门口又是一阵亮光。

警察局的大门，啪的一声开了，同时，从外面伸进来两只大大的铁手，八戒和小唐同学一看，拔腿就跑，可是，谁跑，铁手就抓谁。结果，小唐同学和八戒又被抓走了。

晚上11点，八戒和小唐同学互相搀扶着回来了。街上，还有8个东倒西歪的人，他们哭喊着往自己家跑去。

破解之道

第三天到了。今天是外星人测试的最后一天。

一大早起来，八戒和小唐同学就嚷着要离开摩多城，一分钟也不想待下去了。

"快醒醒，快醒醒。"八戒推醒沙沙同学，"起床，咱们离开这里。"

"我还想再睡一会儿。"沙沙同学揉着眼。

"今天晚上的测试如果通不过，阿西星人就要吃人了。"小唐同学一脸生气，"昨天晚上你是没有被抓上去，你不知道被电击时有多疼。"

悟空也被吵醒了，他说："可是，我们又能跑到哪去呢？阿西星人吃完了摩多城的人，又会去别的地方吃人，我们跑不远的。"

小唐同学说："我不管，躲过一天是一天。"

我说："这终归不是长久之计，不能真正解决问题。"

"我懒得管你们了，师父，咱们先走！"八戒说完，甩手走出卧室，往警察局大门走去。

可是，他和小唐同学走到警察局大门口时，一下子就傻眼了。门外坐着几百人，他俩根本就出不去。

外面吵吵嚷嚷，我们也睡不着，纷纷起床。来到大门口一看，顿时明白了。

八戒和小唐同学坐在长椅上，一脸无奈。

沙沙同学打开大门，瞬间，外面坐着的几百人就站了起来。其中一个老大爷说："小伙子们，请你们快想想办法吧！今天是最后一天了。"

"老大爷，我们也帮不上忙。"沙沙同学说，"你们快回去吧。"

摩多城的人听完，一阵伤心。一个怀抱婴儿的妇女挤上前，哀求道："请你们好好想办法，救救我的孩子。"

"这……"沙沙同学说，"我们也很想，可是……"

"你们一定可以的。"此时，人群中一个男子说道。

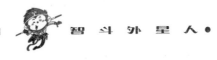

我们仔细一看，他头发长长的，这不就是前天夜里堵截我们的那个人吗？

长发男努力挤过来，又说："你们刚来摩多城，就用自己的智慧帮警察破了好几起案子，我的好几个兄弟都被抓了。所以我知道，你们肯定能想出办法。"

长发男不这么说还好，他越是这么说，小唐同学就越生气。他从长椅上起身，走上前道："你和你的那些兄弟整天不学无术，大晚上的不在家好好待着，只会满大街游荡、喝酒、寻衅滋事，搞得摩多城一到夜晚就让人恐怖，其他人都不敢出门。"

八戒忍不住，跳上前说："那天晚上，如果不是你们堵截我们，外星人也许就不会来，我们也不会被抓。哼！"

长发男一听，没有说话，只是向后招了招手。接着，十几个年轻人挤上前来。悟空一眼认出，他们就是那天晚上和长发男一起围堵我们的人。

这十几个年轻人来到大门前，双手抱拳，齐声说道："我们错了！"

"现在知错了还有什么用？"小唐同学指着这些人，"就是你们这些人，把一个好好的摩多城搞得像鬼城一样。可能正因为如此，才把阿西星人引来，因为他们认为摩

多城里住着的不是智慧生物。"

"我们以后再也不敢了。"长发男站着，埋头认错。

见这些人认错态度诚恳，唐猴沙猪的气消了大半。可是，他们也想不出破解外星人测试题的方法。

小唐同学转身对我说："寒老师，你快想想办法！如果再想不出破解外星人测试题的方法，整个摩多城，不，整个地球就完了。"

"这还用你说？"我在屋里来回踱步，"没看我正在思考吗？"

"好好好，我们不打扰你。"小唐同学说完，就坐在长椅上，不再说话。

10分钟后，我拍了一下脑袋，大喊一声："有了！"

唐猴沙猪一听，纷纷激动地站起来，跑过来围着我。

“你想出办法了？”八戒问。

“是的。”我说，“不过没用，光我一个人知道是不行的，得10个人全知道才可以，因为测试的时候是10个人，我们得学会配合。”

悟空听完，马上把长发男和他的4个兄弟叫了进来。

“只是咱们这10个人的话，也没用。”悟空脑子转得快，“万一今晚阿西星人不抓我们这10个人呢？”

小唐同学一听，一脸着急："那怎么办？"

我看了看旁边的那块大黑板，一下就想到办法了。我说："把黑板搬出去，我给大家讲解。如果大家都知道了方法，那么无论谁被抓，都能通过测试。"

陈警官也不知道是何时来到我们旁边的，他听了我的建议后，赞同道："这是个好主意！来，咱们快把黑板搬出去。"

几分钟后，我们所有人都来到了大门外，在我们面前的，是全摩多城的居民，他们席地而坐。

"我们已经找到办法了。"八戒大声宣布。

摩多城的居民一听，顿时激动万分。

"安静！安静！"八戒抬起双手，示意大家别说话，"但是，我们不知道今晚阿西星人会抓谁去测试，所以，你们也得学会这个破解的方法。下面，就由寒老师给大伙儿讲讲。"

我走到黑板前，高声问大家："你们都知道奇数和偶数吧？"

众人一听，有的说知道，而大部分人纷纷摇头。

"鸡数？"一个老大妈说，"我家不养鸡呀！不知道什么是鸡数。"

"是奇数！"我说，"好吧，我现在给大家说说，什么是奇数和偶数，我还要一并把破解阿西星人测试题的办法说出来，大家一定要注意听。"

「知识板块」

偶数和奇数

1，2，3，4，5，6，7，8，9，10，11，12，13……

上面这些整数大家最熟悉了，而整数呢，又可以分成两大类：一类叫作偶数；一类叫作奇数。

整数中，凡是能被2整除的数就是偶数，比如"2，4，6，8，10……"这些数中，随便拿一个数出来除以2，结果还是整数。如：

2÷2=1

4÷2=2

8÷2=4

…………

而整数中，凡是不能被2整除的数就是奇数，比如"1，3，5，7，9，11，13……"这些数就不能被2整除。如：

1÷2=0.5

3÷2=1.5

5÷2=2.5

7÷2=3.5

…………

知道了什么是偶数和奇数后，咱们再来看看怎样破解外星人的测试题。

外星人的难题

先回顾一下外星人的测试题，题目是这样的——

10个台子从高到矮排列成一条直线，然后10个人站在台子上，确保后面的人能看到前面所有人戴的帽子。需要注意的是，任何人都不能往后看或者离开台子。

每个人头上都会有一顶白色或者黑色的帽子。帽子的颜色是随意分配的，没有规律可言，而且我们也不知道，每种颜色的帽子总共有几个。当外星人说"开始"时，每个人都必须去猜自己帽子的颜色，从第一个人，也就是从站得最高的那个人开始猜。

　　绝不能试图说出除了"黑"或"白"以外的词，或者通过声调和音量等其他方式做出任何暗示，10个人中，至少有9个人猜对，才算通过测试。

　　下面，我们来看看破解方法。

　　很容易就能明白，队列中的第一个人，也就是站得最高的那个人最关键，因为，他能一下子看到前面9个人的帽子颜色。

　　然而，任何人都只能说"黑"或者"白"，所以，即使第一个人全知晓，他也很难把详细信息告诉每一个人。

　　怎么办呢？

　　唯一的办法是，让"黑"或者"白"成为一种密语，包含更多的意思。比如说，可以用黑代表4，白代表5，但是，如果只是用黑或白分别代表一个数字，也不够！

　　怎么办呢？仔细一想，我们就能发现，前面9个人的帽子，黑帽子的数目要么是奇数，要么是偶数。例如，如果前面9个人有3个人戴着黑帽子，那么黑帽子的总数就是奇数；如果前面9个人中有4个人戴着黑帽子，那么黑帽子总数就是偶数。

　　既然黑帽子的总数只有两种可能，要么是奇数要么是偶数，那么，我们就可以提前约定，比如说，当第一个人说"黑"的时候，就表示"前面9顶帽子中黑帽子数是奇数。"而当第一个人说"白"的时候，这表示"前面9顶帽子中黑帽子数是偶数。"以上图为例，第一个人应该说"黑"，因为前面有3个人头戴黑帽子，3是奇数。

　　好了，大家已经约定好了，咱们就这么干，就以第一个人看到3顶黑帽子的情况为例。

　　如下图，第一个人看到前面9个人中，有3个人戴黑帽子，3是奇数，所以他只能说"黑"。可是，第一个人戴的是白帽子，他这样回答的话，岂不是就错了？没关系，

因为外星人说，10个人中，只要9个人猜对就行，有1个人犯错也没关系。

下面，轮到第二个人猜了。如下图，第二个人发现，前面8顶帽子中黑帽子有3顶，3是奇数，而第一个人暗示黑帽子总数也是奇数，第二个人马上就可以推断出自己头上一定是白帽子。为什么呢？很简单，如果第二个人戴的是黑帽子，那么第一个人应该看到的4个人戴黑帽子，他在回答时，会说出代表偶数的"白"。

接着，轮到第三个人猜了。如下图，第三个人往前一看，发现前面的帽子中，只有两顶黑帽子，而第二个人说自己的帽子颜色是白色，这说明自己头上一定是黑帽子。1＋2＝3，3是奇数，符合第一个人暗示的信息。所以，他果断回答"黑"。

　　下面，轮到第四个人猜了。 如下图，第四个人往前一看，只发现一顶黑帽子，是奇数，可是刚刚，第三个人说自己的帽子颜色是黑，1＋1＝2，2是偶数，可第一个人暗示的"黑帽子的数量是奇数"，也就是说，自己帽子的颜色也是黑色的，1＋1＋1＝3，这才满足第一个人的暗示。于是，他果断回答"黑"。

接下来，轮到第五个人猜了。如下图，很容易就能看出，从第五个人到第九个人，他们的回答都是一样的，只能是"白"。因为每个人都会看到前面只有一顶黑帽子，1是奇数，而刚才已经有两个人说自己头上是黑帽子了，1 + 2 = 3，正好是奇数。所以他们很容易就能猜到自己头上是白帽子。

轮到最后一个人猜了。其他人中只有两个人说自己的帽子是黑的，那么，只有自己的帽子也是黑色，才符合第一个人暗示的"黑帽子的数量是奇数"。所以，他果断回答"黑"。

答对了！通过测试！

上面的例子中，只有第一个人的回答是错误的，但是大家仔细想想，其实，第一个人有一半的可能猜对自己的帽子颜色。试想，假如第一个人戴的也是黑帽子，那么他说代表奇数的"黑"时，其实一点儿也不影响后面的人猜对自己帽子的颜色，因为后面的9个人只会把第一个人的回答看成是代表奇偶数的密语。

另外，上文咱们只举了一个例子，实际上，第一个人看到的黑帽子数目，也可能是偶数，比如4，但这完全不影响后面9个人的猜测。还有，上文中，只是第三、第四和第十个人戴黑帽子，万一是第二、第七和第八个人戴黑帽子呢？实际上，这也完全不影响每个人做出准确的判断。如果同学们有兴趣，可以逐个尝试。

挫败外星人

　　大家听完我的讲解后，纷纷明白了该如何应对外星人，他们激动地站起来，手舞足蹈，表示再也不害怕外星人了，即使今天被抓上去也不怕。

　　夜晚来临，外星人的飞船如约而至，盘旋在摩多城上空。我们 5 个人，还有长发男以及陈警官等人，共有 10 个人，站在大街上，故意等着外星人来抓我们。

　　不出所料，外星飞船伸出 10 只大铁手，一下子就把我们抓了上去。

　　我们被排成一列，八戒站在第一个。他仔细观察了他前面 9 顶帽子中黑帽子的数量，一看，共有 4 顶，于是大声说："白！"

第二个回答的是沙沙同学，他数了数前面8人头顶的黑帽子数，有4顶，于是想，八戒说"白"，这说明他前面戴黑帽子的人数是偶数。假如自己头上是黑帽子，就变成了1+4=5，5是奇数，显然不对，于是大声回答："白！"

第三个回答的悟空，他只看到前面有3顶黑帽，而沙沙同学刚才说他自己是白帽子，那么显然，只有自己的头上是黑帽，才满足八戒的暗示，于是他回答："黑！"

就这样，我们全猜对了。

当最后一个人猜完后，外星人发话了："好吧，你们成功了！回去吧，智慧生物们！"

我们一听，纷纷激动地互相拥抱。

八戒说："外星人，看来你们只能饿肚子了。"

"即使这样，我们也很高兴。"外星人说，"因为我们终于确定，地球上住着数十亿的智慧生物，这是好事。"

"请称呼我们为人类。"小唐同学说。

"好的，人类。"外星人说，"之前多有得罪，请见谅。为了鉴别你们是否具有逻辑推理能力，我们必须这么做。"

"没关系。"长发男说，"我们摩多城的年轻人，整天不学无术，一到晚上，大伙儿不知在家好好学习，就知道到大街上喝酒斗殴，要不是你们外星人到来，我们还会一直沉沦下去，是你们让我们懂得一定要珍惜时间，多思考多学习。所以，谢谢你们。"

"哈哈……不用谢。"外星人说，"不说了，你们快回去吧。我们的飞船就要启程了，再见。"

外星人说完，不等我们说一句话，就把我们放回到了大街上。

摩多城的一些居民偷偷打开窗户，看到我们一脸高兴地返回，就知道摩多城得救了。只见大街两旁房子里的灯光，一家接一家地亮起来，几分钟后，整个大街就变得灯火通明，热闹非凡，很多人走出家门。无数人围着我们，又是蹦又是跳。摩多城难得有这样一个热闹喜庆的夜晚！

第二天一早，太阳刚刚从东边露出头，我们又出发

了。本来，我们应该做一道数学题，来决定谁挑担子。但是因为时间关系，我们只好猜拳。结果，不出所料，沙沙同学输了，他最不擅长猜拳了。

当我们即将出城时，突然后面传来一阵喊声，我们回头一看，发现我们的后面跟了上百个摩多城的居民，他们中有老爷爷、老奶奶，还有很多年轻人。

他们走到我们跟前，说着感谢的话，还把我们的箱子打开，往里面塞进了很多煮熟的鸡蛋和烙好的大饼。

摩多城的居民直到把我们送出城好远，才转身回去。现在，路上又只剩下我们5个人了。

"真好！"八戒说，"若不是有奇数和偶数这两种神奇的数，这次我们所有人怕是要凶多吉少。"

"这是肯定的。"小唐同学说。

"嘿嘿嘿……"悟空突然笑了起来。

小唐同学一脸纳闷儿："你笑什么？"

"其实，那个外星人，还有那艘巨大的飞船是我变出来的。哈哈哈……"悟空终于还是忍不住了。

"什么？！"八戒和小唐同学一听，立即就像饿狼一样，向悟空扑去，一下子就把悟空压在了身下。

"不是我的主意！不是我的主意！"悟空被八戒的

胖身子压得死死的，"这是寒老师让我干的！"

"什么？！"八戒和小唐同学一听，怒气冲天，他们放开悟空，又朝我冲来，还好我早有准备，一溜烟逃跑了。

过了好半天，八戒和小唐同学才消气。而我，这才敢走回到他们跟前，一起前行。

"虽然被电时真的很疼，但是说实话。"沙沙同学说，"这起外星人测试事件，让摩多城改变了不少，那些只会喝酒、打架斗殴的年轻人，都变得爱学习了。所以，我们被电几下，也是值得的。"

"也就沙沙同学能说句公道话。"我拍了拍沙沙同学的肩膀，"谢谢你。"

可是，我的话没让沙沙同学有多高兴，他反而不满地说："赶紧出题！我今天挑担子都是你害的！如果你能早点儿出一道题，挑担子的人可能就不是我了。"

"好好好。"我说，"我们现在就出一道题，谁要是做不出来，明天他就接过沙沙同学的担子。"

"等等。"小唐同学说，"寒老师，这次你能再出一道关于逻辑推理的数学题吗？我想多做做这些题，这种题太有趣了。"

"逻辑题呀……"我拍了拍脑袋，"这道题是这样的。"

"等等！"沙沙同学又叫起来，"等我放下担子，休息10分钟，你再出题。"

"对！"八戒赞同，"休息的时候，我们每个人还可以吃两个鸡蛋。"

于是，我们在路边停了下来，四周依然是一片大草原，向西的这条路因为走的人多，路上光秃秃的，但是路两边却是厚厚的草。

我们坐到草地上，八戒拿出10个鸡蛋，一人分了两个，大家开始吃起来。

　　吃完鸡蛋后，我开始出题。我说："题目是这样的，传说，有一个村子被施了魔咒，导致这个村子多灾多难，村民穷困潦倒，经常吃了上顿没下顿。这个村庄的人头发有个特点，不是黑色就是红色，可是，这个村子没有一面镜子，甚至连水池都没有，所以村民们并不能轻易知道自己的头发颜色。

　　"虽然村子被施了魔咒，但也不是一点儿救都没有，只要村民们能猜对自己头发的颜色，就能成功逃离这个村庄，过上幸福的生活。如果猜错了，会受到非常严重的惩罚。但是，村民是不能询问其他村民的，所以只能自己闷头想。很多村民已经成功猜对自己头发的颜色，离开了这个村庄，只剩下孤零零的3个人。

　　"这3个人非常想知道自己头发的颜色，但是他们每个人只有一次机会，如果猜对了就能离开这里，猜错的话就得永远留在这个可怕的村子。

　　"每天中午，这3个人都会来到广场，彼此相望，希望能得知自己的头发颜色。但是，没有任何用。后来，一个外地人进村后，这种困境才被打破。

　　"话说，那一天，一个外地人进入了这个村庄，并在广场碰到了这3个人，于是随口说了一句话：'你们

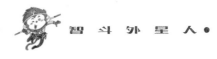

3个人中，至少有一个是红头发。'说完后，这个外地人便离开村庄了。

"3个人听完外地人那句话后，都纷纷回家冥思苦想。第二天中午时，3个人又在广场见面。第二天晚上回去后，就有两个人成功地猜对了自己的头发颜色，并逃离了这个村子。第三天中午，只剩一个人孤零零来到广场。此人最后终于成功地猜对了自己头发的颜色，也离开了这个村子。

"现在请问，这3个人的头发分别是什么颜色？"

唐猴沙猪一听，纷纷面露难色。

"天哪，这怎么猜呀？"小唐同学说，"条件太少了。"

八戒说："没准这道题无解。或者，有很多答案。"

"瞎说。"我说，"这道题只有一个正确答案。如果是模棱两可的答案，村里的那3个人敢冒险？猜错了怎么办？这可是关乎一辈子的大事呢！赶紧思考吧。"

"我知道了！"八戒大声说。

小唐同学、沙沙同学和悟空一听，纷纷一脸惊恐，他们没想到，自己觉得那么难的题，八戒居然一下子就做出来了。

"怎么做的？"悟空满脸不相信。

"很简单。"八戒说，"拔下一根自己的头发看看就知道了。"

悟空和小唐同学一听，纷纷抬腿给了八戒一脚。

"我再声明一下，如果那3个村民，拔掉自己头发看头发的颜色，他们也将永远留在那个可怕的村子里。"

我一边说，一边躺了下去，"好了，你们现在赶紧思考，我要在这软绵绵的草地上补一觉。"

"既然是思考，那躺着也可以嘛。"八戒说完，也躺在草地上，看着蓝蓝的天。其他人见状，也有样学样，躺了下去。望着蓝天，还有偶尔飞过的鸟，他们紧张地思考起来。

紧张的一刻就要到来，谁能第一个想出答案来呢？又会有谁，最后没能想出答案？在未来的路上，唐猴沙猪又会有怎样的奇遇？欲知后事如何，请接着看下一册——《难寻神秘数》。